The Short Story of the Universe

宇宙一秒间

[英]杰玛·拉文德（Gemma Lavender）著

石峰 译

北京联合出版公司
Beijing United Publishing Co.,Ltd

图书在版编目（CIP）数据

宇宙一秒间 /（英）杰玛·拉文德著；石峰译.
北京 ： 北京联合出版公司，2025. 4. -- ISBN 978-7
-5596-8183-6

Ⅰ. P159-49

中国国家版本馆 CIP 数据核字第 202552MQ86 号

北京市版权局著作权合同登记号 图字：01-2024-1393

宇宙一秒间

作　者：[英]杰玛·拉文德（Gemma Lavender）
译　者：石　峰
出 品 人：赵红仕
责任编辑：杨　青
选题策划：大愚文化
特约监制：王秀荣
特约编辑：温雅卿
封面设计：宋祥瑜　马瑞敏
版式设计：宋祥瑜

北京联合出版公司出版
（北京市西城区德外大街 83 号楼 9 层 100088）
河北松源印刷有限公司印刷　　　　新华书店经销
字数 120 千字　880×1230 毫米　1/32　7 印张
2025 年 4 月第 1 版　2025 年 4 月第 1 次印刷
ISBN 978-7-5596-8183-6
定价：78.00 元

目录

理论

引言

爱德文·哈勃：

"利用自己所拥有的五种感官，人类探索其所处的宇宙，并把这种冒险称为科学。"

　　自从我们的远祖第一次仰望夜空，想知道那些闪烁的光是什么，人类就迷上了天空。古代文化的信仰和传说反映出人们对星星的崇拜：玛雅人相信银河是连接冥界和天堂的"世界之树"；澳大利亚土著人发现，星空中竟会惊现鸸鹋；古希腊和古罗马的古典神话因借用行星、恒星和星座的名称而不朽。

　　古人会将天体融入其文化故事，这是古人理解世界的方式，因为那时科学还未取代占星术。但是古人和如今的我们一样，急于从星象中寻求意义、解读宇宙。因此，我们很幸运地生活在一个崇尚科学的时代。古人做梦也想不到，当代人已触及头顶上闪烁着光辉的宇宙世界。

　　本书介绍了关于宇宙的科学知识，在我们眼中，宇宙起初只是天空中的一束光，可是现在已转变为一片拥有 138 亿年历史，规模超过 930 亿光年的广阔无垠的天地。本书将介绍宇宙的故事：从其遥远的开端到其无垠的未来，并向读者介绍关于宇宙的诸多定律、各种力和主要组成。

结构

尼尔·德格拉斯·泰森："我们都是相互联系的：人类从生物学上来讲彼此相通，我们与地球之间存在着化学联系，而以原子的形式与宇宙的其他部分彼此关联。"

　　当我们望向宇宙时，看到的其实是结构。星星并非无处不在，而是被引力束缚成我们称为星系的巨大团块。这些星系沿着巨大的丝状结构排列，这些丝状结构主要由暗物质构成，并让星系聚集成群。这些丝状结构纵横交错，形成了"宇宙网"，进而形成了宇宙的总体结构。在最大的尺度上，引力和电磁力将宇宙凝聚在一起。而在最小的尺度上，亚原子粒子形成了物质的基础。本章将描述宇宙结构中的各种关键组成部分，并介绍一些在宇宙结构的研究方面取得了突破性进展的科学家。

历史与未来

玛丽亚·米切尔："不要只把星星看成亮点，试着去领略宇宙的浩瀚吧。"

如果整个宇宙的历史可以浓缩成一年的话，那么智人就应该在 12 月 31 日晚上 11 点 52 分出现。在宇宙演化的宏大篇章中，我们只不过是一个小小的注脚。

令人惊讶的是，宇宙的历史进程最终是由发生在更短时间跨度内的事件决定的，即大爆炸后的第一秒钟。在此期间，宇宙学、粒子物理学和量子物理学等诸学科发生了碰撞，粒子的家族不断发展，控制它们的基本力也形成了自己的体系。但我们对这一时期仍然知之甚少，量子效应时至今日都在影响着整个宇宙。宇宙历史始于其自身大爆炸之前，本章将重述宇宙的历史，然后聚焦于第一个重要的瞬间，讲述星系和太阳系的最新演化，并展望遥远的未来。

组成部分

马丁·里斯："在可观测的宇宙中，星系的数量和我们星系中恒星的数量不分伯仲。"

当科学家盘点宇宙中存在的物质时，必须包括其中所有的质量和能量。科学家们发现宇宙的 69% 由一种导致宇宙加速膨胀的神秘力量——暗能量构成；26% 由一种不会与光相互作用的神秘物质——暗物质构成；只有 5% 是可见、可闻和可触的普通物质，而正是这 5% 构成了数万亿的星系、恒星、行星和卫星、小行星，以及星际尘埃和气体，它们一直延伸到宇宙地平线。本章描述了宇宙中这 5% 及剩余构成类型的物体。

理论

卡尔·萨根："如果你想从零开始做苹果派，你必须先创造宇宙。"

通过本书，我们可以了解到宇宙的结构、历史和组成部分是如何联系在一起的。"理论"这个词经常被误解。理论不仅仅是一个想法——它其实是一个概念框架，它支持基于观察的预测，也涉及相关的理论研究。本书最后讲述了宇宙暴胀、恒星演化和行星形成的相关探索过程，以及爱因斯坦提出的相对论和牛顿提出的万有引力。

距离单位

谈及宇宙的规模时，难免会涉及巨大的距离单位，以及比我们日常生活中所能遇到的大得多的物体。因此，本书出于简洁和可读性的考虑，使用了以下一些单位。

天文单位：用于测量太阳系中的天体之间的距离。这个单位大致是地球与太阳的平均距离——1.496 亿千米或 9300 万英里[①]。

光年：相当于光在一个地球年中走过的距离——9.5 万亿千米或 5.9 万亿英里。

时间

虽然宇宙的历史跨越数十亿年，但时间尺度非常广泛。一些重要事件发生在大爆炸后不到一秒内，其他过程则需要数百万甚至数亿年才能发生。在"历史与未来"一章中，我们根据大爆炸以来所经过的时间来确定事件的日期。由于时间始于大爆炸，故而将大爆炸时间记为 T（时间）=0，而下一个事件都在此之后。

科学计数法

当处理非常大或非常小的数字时，我们偶尔会使用 $a \times 10^b$ 的形式，用于减少书写极大或极小的数字所需的位数，即科学计数法。在科学计数法中，a 是"尾数"，即数字中最高位数的有效数字；b 是"指数"，即 10 的倍数，用以表示十进制等量。

例如：$10^3 = 10 \times 10 \times 10 = 1000$，因此 3400 可以写成 3.4×10^3。

请注意，指数前的符号可表示负幂，因此：

$10^{-b} = 1/10b$

例如 $10^{-6} = 1/1000000$，0.000003 可以写成 3×10^{-6}。

---

① 1 英里约为 1.6 千米。——编者注

本书使用指南

本书分为四个部分：结构、历史与未来、组成部分以及理论。每个部分都探索了我们观察宇宙的不同方式：宇宙的构成；宇宙历史的时间线；宇宙中的天体；支配自然的定律和各种力。此外，本书还介绍了有影响力的天文学家及其研究成果，天文学中重要时刻的细节信息及交叉参照。

关键时间

关键科学家

关键进展

组成部分和理论的交叉参照

科学家背景资料

显著事例

结构、历史与未来、理论的交叉参考

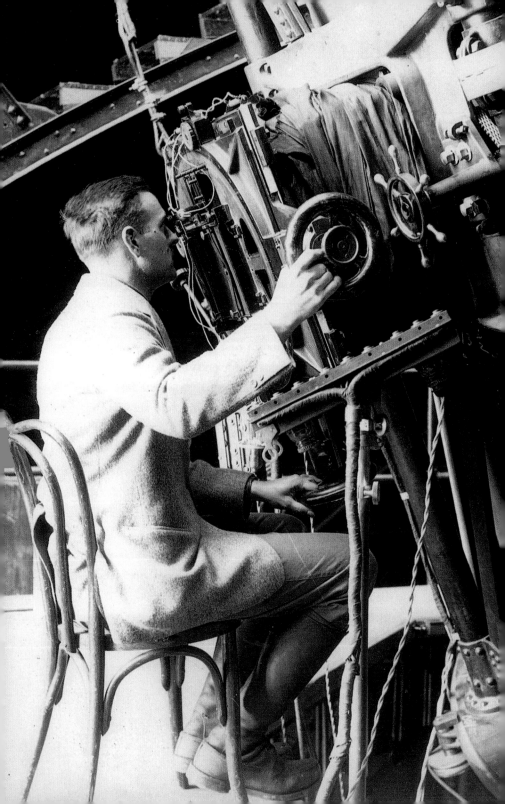

结构

宇宙

爱德文·哈勃：《作为恒星系统的旋涡星云，M31》，美国威尔逊山天文台，1924—1929

重要著作

爱德文·哈勃，《星云世界》，1936 年

爱德文·哈勃，《作为恒星系统的旋涡星云，M 31》，1929 年

爱德文·哈勃，《河外星云的距离与径向速度的关系》，1929 年

宇宙无处不在，是一切存在的总和。宇宙充满着物质，星云聚集形成小行星、卫星、行星、恒星、星系和星系团……所有这些都被神秘的暗物质包围着。

宇宙是古老的。它诞生于 138 亿年前的大爆炸，此后便一直在扩张。1998 年，天文学家发现，在某种未知力量的作用下，宇宙的膨胀正在加速，科学家们将这种未知力量称为"暗能量"。

宇宙是巨大的。据估测，可见的宇宙部分（称为"可观测宇宙"）空间延伸了 930 亿光年。在宇宙的历史中，这个可观测宇宙的地平线或宇宙边缘被定义为其光到达我们这里的时间距离。在宇宙视界的地平线之上，还有更多的宇宙，但是宇宙太大了，光还无法从那些地方到达我们这里。

1 光年大约是 5.9 万亿英里（约 9.5 万亿千米），宇宙的大小或可借此感知一二。相比之下，地球和太阳之间的平均距离为 9140 万英里（约 1.471 亿千米），最外层的行星海王星与太阳的距离为 28 亿英里（约 45 亿千米）。

爱德文·哈勃，1889—1953

爱德文·哈勃出生于 1889 年，是一名出色的运动员，学过法律，当过学校教师，参过军，之后成为天文学家。在加利福尼亚的威尔逊山天文台工作期间，他发现我们的星系之外还有星系，而且宇宙正在膨胀。人们对宇宙的理解由此发生改变。哈勃太空望远镜就是以他的名字命名的。

旋涡星系 第 **66** 页 大爆炸理论 第 **194** 页

阿尔伯特·爱因斯坦（最左）参观美国加利福尼亚州威尔逊
山天文台，1931。后排左二为爱德文·哈勃。

宇宙暴胀 第**195**页 暗能量 第**125**页

时空

阿尔伯特·爱因斯坦：《引力场方程》，德国柏林，1915

我们周围的宇宙有四个维度：三个空间维度（长度、广度和宽度）及一个时间维度。阿尔伯特·爱因斯坦将宇宙维度称为"时空"，其广义相对论展示了时空在质量和引力影响下的运行方式。

为了更好地理解时空，爱因斯坦把它想象成一块巨大的橡胶板，当巨大的行星、恒星和星系放在上面时，时空就会弯曲和起皱。物体的质量越大，其引力就越大，对周围空间的牵引和扭曲的程度就越大。

"物质表明时空如何弯曲，时空表明物质如何运动。"物理学家约翰·惠勒（1911—2008）如此说道。他的描述十分生动形象。弯曲对光产生了影响，因为光沿着曲率在空间中传播，在时空发生弯曲的地方，光的路径也会弯曲，这就导致了引力透镜现象。大质量物体的引力（即时空曲率）放大了更远处物体的光。

爱因斯坦还意识到，正如引力影响空间一样，它也会影响时间。处于最强的引力场中时，时钟走得更加缓慢，如果掉进黑洞，你是不会注意到手表在慢慢嘀嗒作响的，但在引力较小的环境中，黑洞外的观察者就会看到这些都是慢动作。

重要著作

阿尔伯特·爱因斯坦，《引力场方程》，1915 年
赫尔曼·闵可夫斯基，《时间和空间》，1908—1909 年
奥雷斯特·赫沃尔松，《论假双星》，1924 年

经过艺术化处理的效果图：一对即将碰撞的向内盘旋的中子星发出的引力波。

恒星级黑洞 第**122**页 狭义相对论 第**196**页

阿尔伯特·爱因斯坦，1879—1955

阿尔伯特·爱因斯坦可能是有史以来最伟大的科学家，当然也是最著名的科学家，他的名字已是家喻户晓。爱因斯坦的相对论（狭义相对论和广义相对论）教会了我们何为光和能量、空间和引力，以及如何把这些理论应用至宇宙学。但具有戏剧性的是，爱因斯坦于1921获得诺贝尔奖却是因为在其他领域的发现——光电效应。

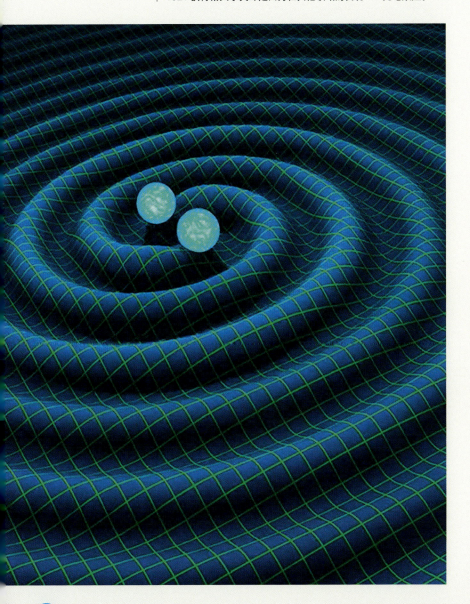

→ 广义相对论 第197页

物质分布

室女座组织：《星系和类星体的形成、演化和聚集的模拟》，德国和英国，2005

理查德·布伦特·塔利（1943— ）

理查德·布伦特·塔利的名字将通过与塔利 – 费希尔关系载入天体物理学的史册，这是他与天文学家詹姆斯·理查德·费希尔（1943— ）共同提出的理论。该理论描述了旋涡星系的亮度和旋转速度之间的相关性。塔利还发现了双鱼 – 金鱼座超星系团复合体，其中就涵盖了我们的星系，这也是构成宇宙网的一大星系墙。

太空中有很多真空区，仰望夜空你就会知道：恒星之间有很大的间隙，如果看得更远，星系之间也有很大的间隙。在最大的尺度上，间隙有着数百万光年宽的巨洞，里面的星系寥寥无几，其他地方也有数百或数千个星系聚集的区域。

通过物质在整个宇宙中的分布方式，可知宇宙是如何演变的，以及引力在其中所扮演的角色。大爆炸在创造宇宙中所有的物质和能量时，并不是均匀的。实际上，有些密度更大、块状更多的区域引力也更大，这些区域会吸引越来越多的物质。很快，宇宙中的大多数物质都集聚于这些区域，物质与暗物质交错形成"宇宙网"。星系会组成星系团，而数千个星系汇聚在一起，会形成星系墙或星系片。星系墙或星系片绵延数亿光年，就构成了宇宙中最大的结构。因此，根据现今宇宙物质的分布情况，再考虑引力作用，我们可以推测出大爆炸中导致这种分布所需的条件。

重要著作

玛格丽特·盖勒和约翰·赫克拉，《绘制宇宙》，1989 年

理查德·布伦特·塔利、海伦·库尔图瓦、耶胡达·霍夫曼和丹尼尔·波马雷德，《拉尼亚凯亚超星系团》，2014 年

沃尔克·斯普林格，等，《模拟类星体、星系及其大尺度分布的联合演化》，2005 年

光和物质分离 第 41 页　丝状结构与巨洞 第 62 页

图片显示了宇宙的组成成分，物质占宇宙的约30%，其余是暗能量。物质可以是不可见的（29%），也可以是可见的（顶层的1%），暗物质可以进一步分为非重子物质（底层的25%）和重子物质（中间层的4%）。

→ 星系团和超星系团 第64页 星系演化 第212页 暗物质 第214页

束缚系统

弗里茨·兹威基：《论星云物质和星云团》，美国加州理工学院，1933

重要著作

薇拉·鲁宾和肯特·福特，《从发射区光谱观察仙女座星云的旋转》，1970 年

弗里茨·兹威基，《论星云物质和星云团》，1933 年

薇拉·鲁宾（1928—2016）

在女性被天文学拒之门外的那个时代，薇拉·鲁宾成为一名天文学家，为许多追随她脚步的女性天文学家奠定了基础。她的博士论文描述了星系如何由引力束缚、聚集在一起，而男性天文学家直到 20 世纪 70 年代才意识到这一点，正是在那段时间，薇拉·鲁宾和肯特·福特（1931—）发现了暗物质存在的证据。

我们太阳系的行星是一个受引力约束的系统，八大行星、众多的彗星和小行星都受太阳引力的影响，反之，太阳也被引力束缚于银河系。

在更大的尺度上，星系通过引力相互作用，形成星系团。银河系与仙女星系、三角星系和一些较小的矮星系共同属于一个叫作本星系群的小星系团。本星系群被引力束缚在更大的后发 – 室女星系团，而后发 – 室女星系团又受到其他星系团的引力，形成双鱼 – 鲸鱼座超星系团复合体。比这更大的是拉尼亚凯亚超星系团，在其引力作用下，该超星系团还吸引了几个更小的超星系团。

通过在束缚系统中运动的行星、恒星或星系，我们了解到这些天体所受到的引力大小，反之，引力又与质量有关。1933 年，弗里茨·兹威基（1898—1974）注意到，星系团中的星系移动速度超过了可见质量的应有速度。20 世纪 60 年代，薇拉·鲁宾发现星系中的恒星和星云亦是如此，它们本应该飞走，但是没有。因此得到结论：一定有某种看不见的物质——暗物质——提供了一些额外的引力。

并合星系 第 **46** 页 万有引力 第 **201** 页

薇拉·鲁宾发现了暗物质存在的证据。

 暗物质 第 **214** 页

扩散物质

维斯托·斯莱弗：《特殊的恒星光谱，暗示空间中光的选择性吸收》，美国洛厄尔天文台，1909

由威廉明娜·弗莱明（前排，坐）和爱德华·皮克林研究小组的其他成员组成的这个小组被称为"哈佛人肉计算机小组"。其他成员包括：亨丽埃塔·斯旺·莱维特、安妮·詹普·坎农和安东尼娅·莫里。

重要著作

维斯托·斯莱弗，《特殊的恒星光谱，暗示空间中光的选择性吸收》，1909 年

维斯托·斯莱弗，《论昴星团中星云的光谱》，1912 年

恒星和星系之间并非看上去那么空空荡荡，而是充满了冷气体、热气体及恒星演化产生的大量尘埃。事实上，我们银河系中大约 15% 的可见成分是气体和尘埃。这些物质在银河系结构的研究中有着举足轻重的作用。

恒星之间的物质，也就是星际介质，约由 99% 的气体和少量尘埃组成。气体中的 3/4 是氢，其余大部分是氦，还有少量其他元素。平均来说，每立方厘米的星际空间内大约只有一个气体原子或分子，主要是氢原子。相比之下，地球上的空气在相同的体积下包含了 30 万亿个分子。

如果星际尘埃特别厚，就会阻挡来自后面恒星的光线，否则，尘埃可能会因吸收足够多的能量而发光，让我们看到恒星的诞生地。另外，星云靠反射附近恒星的光线而发光，因此，我们观察到的是反射星云。

星系之间，星系介质中的气体温度可能极高，在星系团中温度可高达 1000 万摄氏度，主要以 X 射线的形式辐射热量。

威廉明娜·弗莱明（1857—1911）

著名的"哈佛人肉计算机小组"成员之一，女性天文学家。威廉明娜·弗莱明为爱德华·皮克林－弗莱明（1846—1919）工作，通过光谱对恒星进行分类，为后来建立恒星性质的分类模型奠定了基础，同时发现了 59 个星云，包括 1888 年著名的猎户座马头星云，那里充满了星际气体和尘埃。

→ 太阳系的起源 第 49 页 博克球状体 第 92 页

恒星

安妮·詹普·坎农：《光谱中的明亮线条》，美国哈佛大学天文台，1916

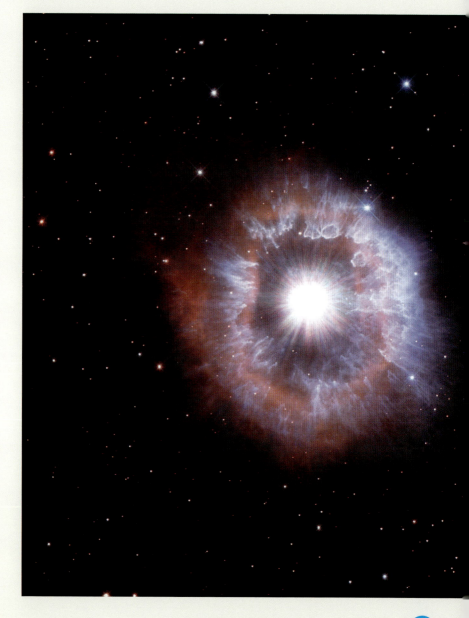

第一代恒星 第 **43** 页 恒星的能量来源 第 **206** 页

用哈勃太空望远镜拍摄的船底座 AG 超巨星（亦称老人星）。

仅在我们的银河系中，据计算就有大约 1000 亿颗恒星。而在银河系之外，整个可观测的宇宙中，预估有 10 亿万亿颗可见的恒星。会发光的恒星主要由氢气构成，是一个巨大球体。我们熟知的太阳就是其中之一。

在这 10 亿万亿颗恒星之中，肉眼在夜空中最多能看到大约 3000 颗，其中最亮的组成了星座，也就是我们在夜空中所看到的星象图，天文学家把天空中的星星按区域划分成 88 个星座，分布在南、北半球。

银河系中的恒星之间距离平均约 4 光年。事实上，比邻星是距离我们最近的恒星，距离我们只有 4.24 光年。比邻星是一颗红矮星，是目前发现的最小、最冷且质量最小的恒星。其他恒星有的比太阳重数百倍，比太阳大数百倍，同时比太阳亮数万倍。

不同于行星，恒星能够通过其热核中强大的核聚变反应产生能量。正是这些能量使恒星比如太阳，发热发光，给地球带来了生命。

重要著作

安东尼娅·莫里和爱德华·皮克林，用 11 英寸[1]的德雷珀望远镜拍摄的明亮恒星的光谱图（部分），藏于亨利·德雷珀纪念馆，1897 年

埃纳尔·赫茨普龙，《根据安东尼娅·莫里的光谱分类细分恒星》，1908 年

朱莉安娜·萨克曼·阿诺德·布斯罗伊德和凯瑟琳·克雷默，《我们的太阳 III：现在与未来》，1993 年

玛格丽特·伯比奇（1919—2020）

作为英国天文学家的先驱，玛格丽特·伯比奇是著名的 B²FH 论文的四位作者之一，其余三人是其丈夫杰佛瑞·伯比奇（1925—2010）、威廉·福勒（1911—1995）和弗雷德·霍伊尔（1915—2001）。论文描述了恒星演化中的堆芯反应是如何为恒星提供能量并生成化学元素的。

---

① 1 英寸等于 2.54 厘米。——编者注

恒星演化 第 **207** 页 恒星核合成 第 **208** 页

不发光物体

杰拉德·柯伊伯:《行星大气调查》，美国得克萨斯州，麦克唐纳天文台，1949 年

宇宙中的一切都可以分为两类：自身能发光的物体和自身不能发光的物体。像其他恒星一样，太阳的光芒来自自身核反应产生的能量物质。而木星则是另外一类情况，自己不发光，而是反射太阳光。行星在夜空中散发的光芒，就是反射的太阳光。

行星、卫星、小行星、彗星，这些都是不发光的物体。行星表面反射光多少称为反照率。坚硬的岩石天体通常吸收的光比反射的光多，因而这些天体的反照率很低。月球只把太阳射向它的 7% 的光反射回来（其反照率为 0.07）。月亮看起来很亮是因为它离我们很近。另一方面，像木卫二（木星的卫星）这样的冰体反射性很强，反照率可超过 0.6。

反射光对科学家来说是有研究价值的。反照率和反射的波长可以表明进行光反射的天体的类型及其成分。在特定波长的反射光被大气中的气体分子吸收之前，这些天体大气中的分子也可以吸收一些反射光，并在这些波长的光谱中留下间隙，科学家可识别出其分子和属性。

斯万特·阿累尼乌斯（1859—1927）

斯万特·阿累尼乌斯于 1903 年获得诺贝尔化学奖，基于其高反射性的云的理论，他让"金星是一片郁郁葱葱的沼泽地"的概念深入人心，他推测金星上的云是水蒸气形成的。事实上，金星上没有水，所谓的云是二氧化碳气体。阿累尼乌斯给后人留下的珍贵遗产其实是，他揭示了"二氧化碳是一种温室气体"。

月球诞生 第 **52** 页 金星 第 **132** 页

重要著作

杰拉德·柯伊伯,《行星大气调查》,1949 年

卡尔·萨根,《行星的物理研究》,1960 年

斯蒂芬·H. 多尔和艾萨克·阿西莫夫,《人类的行星》,1964 年

彼得·沃德和唐纳德·布朗利,《稀有地球》,2000 年

月球的表面因反射太阳光而发光,在这里我们看到了
月球的两面(阳面和阴面)。

火星 第 **144** 页　木星 第 **154** 页

元素

玛格丽特·伯比奇，杰佛瑞·伯比奇，威廉·福勒和弗雷德·霍伊尔：《恒星中的元素合成》，
英国剑桥大学和美国加州理工学院，1957

塞西莉亚·佩恩－加波施金（1900—1979）

氢元素和氦元素不仅是宇宙中最常见的元素，也是恒星的主要成分，这是塞西莉亚·佩恩－加波施金在1925年发现的。因其有悖于当时的共识，其他天文学家最初试图劝阻她放弃这个结论，但佩恩－加波施金只用了4年时间就证明了该结论的正确性。

整个宇宙中最丰富的元素是氢，占宇宙所有物质的74%，氢原子是最简单的原子，由2个亚原子粒子（1个电子和1个质子）组成，因此，氢原子是元素周期表中最轻的原子。

虽然氢在宇宙诞生之初的前3分钟就形成了，但它并不孤单，因为同时有氦和些许的锂参与，氦是宇宙中另一种常见的元素，约占宇宙所有物质的24%。

元素周期表中有92种自然存在的元素，其他这些都是有了恒星后出现的。类太阳恒星的核反应会产生碳、氮和氧等元素，而质量更大的恒星则形成更重的元素，如硅和铁。这些大质量恒星爆炸时将产生更多的元素，如镍和锌在超新星爆发时产生，而对碰撞中子星（中子星是超新星恒星的致密残余核心）的研究，发现爆炸可以产生贵金属元素，如金和铂。因此，所有的元素都诞生自太空。

重要著作

塞西莉亚·佩恩－加波施金，《恒星大气层：对恒星反变层中高温观测研究的贡献》，1925年

拉尔夫·阿尔弗、汉斯·贝特、乔治·伽莫夫，《化学元素的起源》，1948年

B^2FH，《恒星中的元素合成》，1957年

LIGO科学合作组织，等，《双中子星并合的多信使观测》，2017年

最初三分钟 第**38**页 元素合成 第**39**页

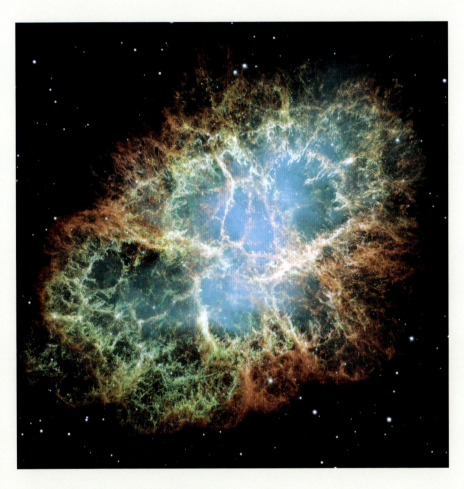

超新星爆发时，大量物质和重元素会从恒星的
外壳中喷射出来，其残骸就形成了蟹状星云。

 宇宙循环　第 **48** 页　恒星核合成　第 **208** 页

亚原子粒子

J.J. 汤姆森：《阴极射线》，英国剑桥，1897

重要著作

欧内斯特·卢瑟福，《α粒子
与轻原子的碰撞 IV：氮中的
一种异常效应》，1919 年

彼得·希格斯，《对称性破
缺与规范玻色子的质量》，
1964 年

默里·盖尔曼，《重子和介
子的示意模型》，1964 年

　　若是放大一个原子结构，会发现它是由更小的粒子组成的：电子、质子和中子。我们将这些粒子称为亚原子粒子——这是比原子尺度更小的粒子。它们大约在 138 亿年前，宇宙诞生后不久形成。

　　科学家发现，宇宙中的所有粒子都可以分为两类：费米子和玻色子。这也是基本粒子的标准模型。

　　费米子构成了我们在地球上看到、触摸到、闻到和尝到的物质，可进一步分为轻子和夸克。最常见的轻子是带负电荷的电子。每种轻子都有一个叫作中微子的伙伴，它很少与其他粒子相互作用，因为没有电荷，质量也很小。

　　夸克是质子和中子的组成部分。夸克有 6 种：上夸克、下夸克、粲夸克、奇夸克、顶夸克和底夸克。当 3 个夸克结合在一起时，我们称这个组合为强子。1 个上夸克和一对下夸克组成 1 个中子，而 2 个上夸克和 1 个下夸克组成 1 个质子。

　　玻色子（其中也包括光子），它们传递着物质之间的基本力，比如胶子、W 玻色子和 Z 玻色子等传递作用力的粒子。希格斯玻色子因能使物质带有质量而闻名。

从能量到物质 第 **37** 页

彼得·希格斯

彼得·希格斯于 1929 年出生于英国的纽卡斯尔。他在 20 世纪 60 年代预言了希格斯玻色子，后于 2012 年在大型强子对撞机中发现了该粒子，由此闻名于世。但在此之前，他其实已担任爱丁堡大学的荣誉教授，在学术生涯中屡获殊荣。

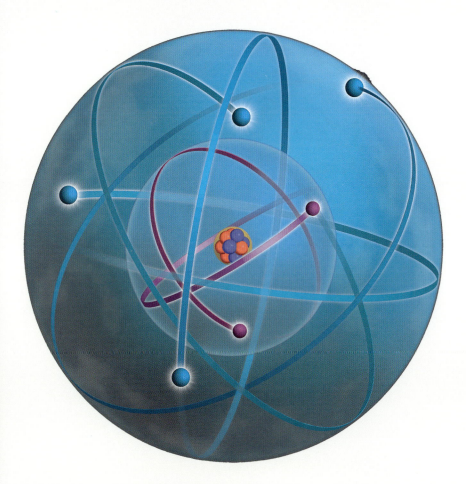

对原子结构的描述：原子的中心是原子核（由质子和中子组成），周围有一定数目的电子在绕核运动。

最初三分钟 第 38 页 光和物质分离 第 41 页

基本力

艾萨克·牛顿：《自然哲学的数学原理》，英国，1687

如果没有基本力，宇宙中的一切都会飞离，不会发生任何相互作用。宇宙总共有四种力：弱力和强力（原子核之间的作用力），引力和电磁力（与自然生活息息相关的力）。

玻色子是传递力的粒子。光子携带电磁力。胶子携带强力，这种力将质子和中子等粒子结合在一起，而这些粒子构成了原子核。W玻色子和Z玻色子负责携带导致原子放射性衰变的弱力。而为了解释引力，物理学家提出了一种假想的粒子——引力子，但该粒子尚未在自然界中被发现。

电磁力是一种作用在带电粒子之间的力，通过电磁波以光子的形式传播（在量子力学中，光具有波粒二象性）。

虽然引力会让我们站在地面上，让行星围绕太阳运转，但也被认为是最弱的力（尽管强力和弱力属亚原子粒子间的相互作用，但却比引力强得多）。

重要著作

阿尔伯特·爱因斯坦，《引力场方程》，1915年

恩利克·费米，《β射线理论的试验 第Ⅰ卷》，1934年

迈克尔·法拉第（1791—1867）

作为有史以来最伟大的物理学家和化学家之一，迈克尔·法拉第没有接受过正式的科学训练，他自学成才，发现了电磁感应。他还热衷于在伦敦皇家学院举办圣诞讲座，向公众传授科学。伦敦皇家学院至今依然存在。

宇宙大爆炸 第35页 暴胀时刻 第36页

迈克尔·法拉第奠定了电磁学的基础。

 广义相对论 第 **197** 页 万有引力 第 **201** 页

历史与未来

宇宙诞生之前

重要科学家：安德烈·林德、李·斯莫林、保罗·斯坦哈特、尼尔·图罗克、马丁·博霍瓦尔德

宇宙
诞生之前

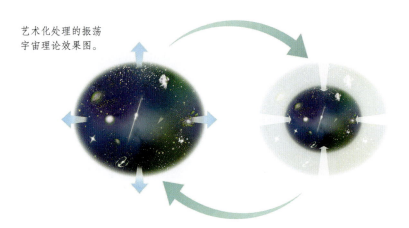

艺术化处理的振荡
宇宙理论效果图。

宇宙大爆炸是时间和空间的起点吗？还是说，在我们的宇宙诞生之前已然存在另一个宇宙？标准宇宙模型"大爆炸宇宙论"认为，一切始于138亿年前的一场大爆炸。然而，一些科学家坚信在我们的宇宙诞生之前存在着另一个宇宙，即一个更大的时空体系。这个宇宙不断暴胀，孕育了我们生存的宇宙——这就是"永恒暴胀"理论。该理论还认为，这个不断暴胀的空间孕育了无数其他的宇宙，它们可能与我们的宇宙具有完全不同的属性。

还有一种"循环宇宙"理论，具体包括圈量子宇宙论和弦理论，两者都有详细阐述。该理论认为，我们之前的宇宙像现在的宇宙一样在不断暴胀，而在达到某个临界点之后，便发生了"大坍缩"。我们可以把宇宙大坍缩想象成和大爆炸相反的一个过程，在这个阶段，宇宙中的所有物质和能量都被挤压成一个微小的"点"。之后，宇宙又会反弹并再次暴胀，从而进入下一轮循环。

另一种假说是振荡宇宙理论，根据该理论，我们现在所处的宇宙处于大爆炸和大坍缩之间。

关键进展

20世纪70年代末，艾伦·古斯（1947—）提出了暴胀的概念，解释了我们的宇宙是如何从一个单点成长为宏观宇宙的。然而，在安德烈·林德（1948—）于1984年提出永恒暴胀的想法之前，科学家们无法弄清楚暴胀是如何停止的。在这个理论中，暴胀只在某些地方停止，即气泡宇宙形成之地，并且我们的宇宙将会是这些气泡宇宙之一。

宇宙大爆炸 第 **35** 页 暴胀时刻 第 **36** 页 宇宙的命运 第 **59** 页
多重宇宙 第 **198** 页

宇宙大爆炸

重要科学家： 爱德文·哈勃、乔治·勒梅特、拉尔夫·阿尔弗、乔治·伽莫夫、罗伯特·威尔逊、阿诺·彭齐亚斯

$T=0$

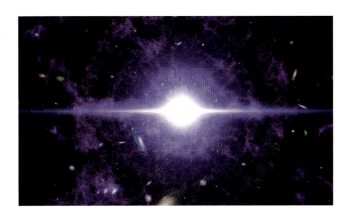

艺术化处理的效果图：宇宙之始——宇宙大爆炸。

我们的宇宙始于一个无限小的"点"，科学家称其为"奇点"。它是一个一维的点，体积无限小，却蕴含着宇宙诞生所需要的所有物质和能量。在这里，时间和空间失去了意义（至少我们目前是这样理解的），甚至连爱因斯坦的相对论都无法描述奇点的状态。后来，奇点突然爆炸，也就是我们所说的"宇宙大爆炸"。尽管名字叫作大爆炸，但它实际上并没有震耳欲聋的声音，而是一场骤然催生时空的暴力"拉伸"。

大爆炸最初是在 1929 年发现的，当时，天文学家爱德文·哈勃通过加利福尼亚州威尔逊山天文台 100 英寸胡克望远镜的目镜观察，意识到从遥远星系发出的光波被拉伸成更长的波长。

这意味着空间正在拉伸，宇宙正在膨胀，证实了天文学家、比利时天主教神父乔治·勒梅特（1894—1996）的观念，他坚定认为宇宙一定是从一个点开始的，从这个点可以追溯到过去。

关键进展

大爆炸的概念来自爱德文·哈勃的发现，即宇宙正在膨胀，所有的星系都在相互远离。如果宇宙在膨胀、变大，那么从逻辑上讲，在过去的某个节点它一定是比现在更小的。最终的结论是，我们可以倒转历史，证明 138 亿年前的宇宙一定只有一个点那么大。

 大爆炸理论 第 **194** 页 红移和多普勒效应 第 **203** 页

暴胀时刻

重要科学家：艾伦·古斯、安德烈·林德、阿列克谢·斯塔罗宾斯基、保罗·斯坦哈特

$T=10^{-35}$ 秒

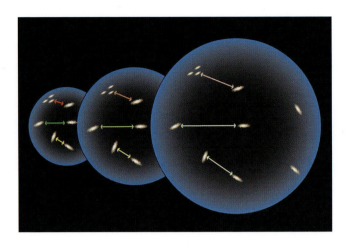

尽管相距太远，光线无法彼此传播，但是宇宙的两个对应面看起来几乎一模一样，膨胀现象解释了其中原委。

可观测宇宙的直径约有930亿光年，然而，宇宙只有138亿年的历史。鉴于光速是最快的，一光年就是光在一年内传播的距离，故而光和辐射目前没有足够的时间从宇宙的一边到达另一边。然而，此处有一个难解之谜：宇宙的两个对应面看起来几乎一模一样，似乎在遥远的过去有过接触。宇宙也非常平坦（画在其表面的平行线保持平行，就好像有什么东西使宇宙变得平坦了）。宇宙学家分别称之为视界问题和平坦度问题。

20世纪70年代末，物理学家艾伦·古斯提出了宇宙暴胀理论，对这一问题做出了解答。就在大爆炸发生之后的 10^{-35} 秒，微小的宇宙极速膨胀了1万亿倍，速度甚至比光速还快。而后大爆炸仅耗费了 10^{-34} 秒就停止了。

关键进展

宇宙的平坦度问题一直是天文实验的重点。美国国家航空航天局（NASA）的威尔金森微波各向异性探测器（WMAP）和欧洲航天局的普朗克任务号探测器都表明时空是完全平坦的，精确度为1%。因此，空间不是弯曲的（至少在可观测宇宙的尺度上不是弯曲的）所以，如果从一个方向出发，而空间不会弯曲，你就不会回到起点。

宇宙暴胀 第**195**页

从能量到物质

重要科学家：安德烈·林德、阿列克谢·斯塔罗宾斯基、列弗·卡夫曼、亚历山大·多尔戈夫

物理学中最著名的方程可能是阿尔伯特·爱因斯坦发明的 $E=mc^2$，该方程式告诉我们质量能转化成能量（物质的一种表现形式）。原始能量能够创造物质。

宇宙起源于原始能量。宇宙迅速膨胀，待膨胀一结束，体积就扩大了数万亿倍。然而，如我们所知，如果有什么东西膨胀，过后它就会冷却。当宇宙膨胀结束时，本应非常冷，但乔治·伽莫夫（1904—1968）在 20 世纪 40 年代的研究表明，宇宙只能从一团温度、能量密度极高的"火球"开始"爆炸"，因为只有在高温条件下，原子核合成才能产生第一个元素。

"宇宙微波背景辐射"也告诉我们，大爆炸一定温度极高。但在 20 世纪 90 年代，安德烈·林德和其他人展示了膨胀的能量是以热量的形式回流到宇宙中，从而"重新加热"宇宙的。随着宇宙膨胀的速度越来越慢，温度下降的速度也越来越慢。这种膨胀场释放的能量也会转化为基本粒子，最终形成我们所知的物质。

关键进展

暴胀理论的核心是量子场论（QFT），该理论描述了亚原子粒子的运行及其之间的关系。量子场论形成于 20 世纪 20 年代，是通过将经典场论（如电磁学）与量子物理学和相对论相结合而发展起来的。

物理学家安德烈·林德的突破性研究给早期宇宙科学下了定义。

宇宙暴胀　第 **195** 页

最初三分钟

重要科学家：史蒂文·温伯格、乔治·伽莫夫、罗伯特·赫尔曼、拉尔夫·阿尔弗

T=3分钟

虽然不知道是什么导致了大爆炸，也不知道膨胀场到底是什么，我们却知道在爆炸后的前三分钟里，具体都发生了什么。物理学家史蒂文·温伯格（1933—2021）于1977年出版的名作《最初三分钟》就详细描述了其中的细节。

宇宙"重新加热"后，最初的高温意味着光子可以粉碎质子和中子，阻止它们结合成原子核。但是2分钟后，宇宙的温度下降到略高于10亿摄氏度。这种温度导致光子无法获得足够的速度来粉碎质子和中子。相反，质子和中子是制造氘核的完美条件，通过强大的核力，二者结合在一起可形成氘核。

3分钟后，宇宙继续变冷，降到10亿摄氏度以下：正好可以让质子和中子二者结合在一起，以形成氦核。更多的质子未结合，但一个质子构成了一个氢核，从而形成了一个由氢和氦组成的宇宙。

关键进展

宇宙诞生最初的3分钟和大爆炸核合成背后的理论大多是由乔治·伽莫夫、汉斯·贝特（1906—2005）、罗伯特·赫尔曼（1914—1997）和拉尔夫·阿尔弗（1921—2007）在20世纪40年代末提出的。这些科学家首次预测了宇宙微波背景（CMB）的存在，不过这只是他们研究的副产品，因而错失了获得荣誉的机会。而罗伯特·威尔逊（1936—）和阿诺·彭齐亚斯（1933—2024）于1978年因偶然间发现宇宙微波背景辐射而获得了诺贝尔物理学奖。

阿诺·彭齐亚斯和罗伯特·威尔逊站在美国新泽西霍姆德尔镇贝尔实验室的霍姆德尔喇叭天线前，在此他们有了一些惊人的发现。

元素合成　第**39**页

元素合成

重要科学家：乔治·伽莫夫、汉斯·贝特、罗伯特·赫尔曼、拉尔夫·阿弗尔

T=
20 分钟

今天，92 种自然形成的元素组成了宇宙。然而，在宇宙诞生之初的几秒内，发生了大爆炸核合成，7 种不同的原子核组成了氢、氦、锂、铍及它们的同位素（即质子数相同而中子数不同的一类原子）。

这些元素是在宇宙诞生的前 20 分钟内形成的。大爆炸之初产生了氢、氘、氦 –3、氦 –4、少量的锂 –7 以及不稳定的氚（同位素氢 –3）和铍 –7 的原子核。热核聚变最终产生了辐射射线和多种元素，但任何散落的光子都不可能将氘核分开，因为宇宙空间的温度还不够高。

大爆炸核合成无法产生特别重的元素：氚和铍 –7 也会很快衰变成氦 –3 和锂 –7 原子核，所以大爆炸核合成实际上只能提供三种元素，即氢、氦、锂及其同位素。

关键进展

天体物理学家弗雷德·霍伊尔提出了一个与大爆炸相悖的理论，即稳态理论，试图证明宇宙是永恒的，没有起点和终点。然而，稳态理论是错误的，原因之一便是它不能复制宇宙中元素的相对丰度。大爆炸核合成却可以复制，而且这是支持大爆炸理论的论据之一。

核合成周期表。有 92 种自然产生的元素，它们都有不同的起源。大爆炸中只形成了氢、氦和少量的锂。

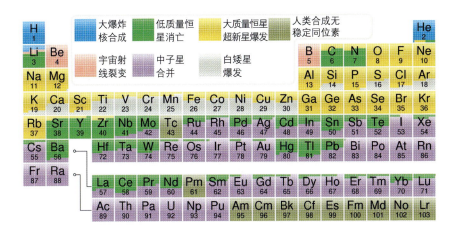

→ 恒星核合成　第 **208** 页

结构之初

重要科学家： 沃纳·海森堡

$T \leqslant$ 379 000 年

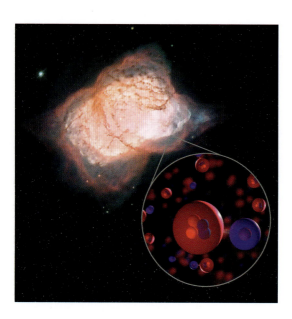

关键进展

1927 年，沃纳·海森堡（1901—1976）提出了不确定性原理。该理论表明，在量子水平上，物质和能量具有类似波的性质，其中波函数代表了粒子出现在空间某一位置的概率。如果仅知道一个参数值，则无法求解；如果两者皆知在一定程度的误差范围的，则该误差不会小于以德国物理学家马克斯·普朗克（1858—1947）命名的普朗克常数。

这张是行星状星云 NGC 7027 的图像。在这个行星状星云中，探测到了氦氢化物，氦（红色）氢（蓝色）化物是宇宙最早期形成的分子。

大爆炸理论的一个关键挑战在于如何解释从原始火焰的炽热大爆炸，变成一个由物质组成的纵横交错的宇宙。

20 世纪初，物理学和宇宙学在与宇宙相关的三个方面取得了巨大的进步：阿尔伯特·爱因斯坦广义相对论的发展，爱德文·哈勃的观测以及微观物理学量子革命。这场革命是由埃尔温·薛定谔（1887—1961）、尼尔斯·玻尔（1885—1962）、沃纳·海森堡、保罗·狄拉克（1902—1984）和阿尔伯特·爱因斯坦发起的。

由于大爆炸奇点非常小，量子物理效应开始发挥作用。量子涨落（真空中的量子无时无刻不在产生并消失）通过膨胀扩展到巨大的尺度，并成为永恒。宇宙的原始能量随着膨胀的宇宙冷却而凝聚成物质时，这些重子会如声波般在这些密度过高的区域内来回振荡（现称"重子声学振荡"）。随着宇宙进一步冷却，这些重子将冻结在适当的位置上，并成为宇宙物质网的基础。

丝状结构与巨洞 第 62 页 星系团和超星系团 第 64 页

光和物质分离

重要科学家： 罗伯特·威尔逊、阿诺·彭齐亚斯、约翰·马瑟、乔治·斯穆特

T=
379 000 年

宇宙微波背景辐射成为大爆炸最有力的证据。乔治·伽莫夫、拉尔夫·阿尔弗和罗伯特·赫尔曼最先提出了该假说，后在 1964 年由罗伯特·威尔逊和阿诺·彭齐亚斯证实了这一现象。

上述现象代表了宇宙学家所说的"最后散射时刻"。大爆炸后，大约 379 000 年前，宇宙温度非常高，电子无法与当时构成宇宙所有元素的氢、氦和锂原子核结合，所以不能形成完整的原子。光子因其不断散射出自由电子，故而无法顺利地向外传播。

在 379 000 年后，宇宙的温度下降到大约 2700 摄氏度——足以让电子与原子核结合，形成原子。光是最后从物质中分离出来的，所以，随着电子的消失，携带大爆炸热量的光子能够自由进入太空。这些光子冷却到绝对零度以上 2.73 摄氏度时，就形成了现在我们能够接收到的宇宙微波背景辐射。

关键进展

在美国新泽西州贝尔实验室工作的两位天文学家阿诺·彭齐亚斯和罗伯特·威尔逊偶然发现了宇宙微波背景辐射。当时，他们在霍姆德尔的探测天线下使用一台射电望远镜时，检测到恼人的咝咝背景音，这个微波频率干扰了他们的观察。当其他寻找宇宙微波背景辐射的天文学家也听到了背景噪声时，咝咝声响的真相才得以揭示。

宇宙微波背景辐射的绘制图。用不同颜色区分了温暖和寒冷的区域，对应了早期宇宙中不同密度的区域。

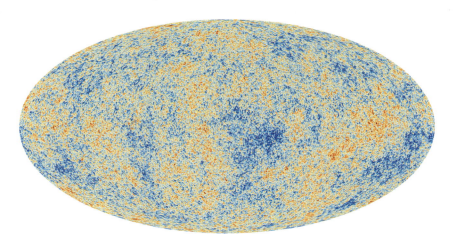

→ 大爆炸理论 第 **194** 页

宇宙黑暗时代

重要科学家： 马丁·里斯、亚伯拉罕·勒布、沃尔克·布罗姆

$T \leqslant$ 10 亿年

最后一次散射之后，宇宙冷却到足以让所有的自由电子被原子吸收，此时，光就可以不受阻碍地穿过宇宙了。然而，除了宇宙微波背景昏暗的光芒，没有什么物质可以照亮漆黑的宇宙——当时没有恒星，也没有星系。

那是一个昏暗的时代，宇宙学家称之为宇宙黑暗时代。宇宙充满了中性氢和氦气及不可见的暗物质，它需要时间来制造第一代恒星和星系，但必须满足初始条件。

最后一次散射意味着宇宙已不再是一片高温、高密度的等离子场，重子声学振荡消失，重子已冻结在密度稍高的地方。这些成为宇宙网络的基础，其引力吸引了更多的暗物质和气体，而这些暗物质变成光环（质量高达太阳 10 万倍的圆形斑点），其中包含巨大的氢原子云，正是这些云形成了第一代恒星，终结了黑暗时代。

关键进展

宇宙学的一大难题是：究竟是什么在结束黑暗时代过程中发挥了最大作用？是恒星还是类星体，或是活跃的中心黑洞释放出了大量的光和辐射？迄今为止，最早的类星体可追溯至大爆炸后 7.8 亿年。

在黑暗时代，宇宙中几乎只有巨大的氢气云团，但随着温度开始冷却，这些气体坍缩并形成了第一批恒星，黑暗时代落幕。

丝状结构与巨洞 第 **62** 页 暗物质 第 **214** 页

第一代恒星

重要科学家： 亚伯拉罕·勒布、理查德·拉森、伦纳德·塞尔、艾玛·查普曼

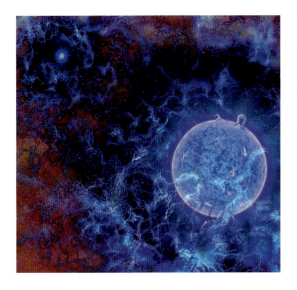

关键进展

第一代恒星的光太暗，因此望远镜无法直接观测到，但在 2018 年，天文学家检测到宇宙微波背景的强度有所下降，这是由第一代恒星紫外光激发氢气引起的，因此它可以吸收一些宇宙微波背景光子。这种强度下降可以追溯到大爆炸后的 1.8 亿年。

宇宙黑暗中形成的第一代恒星。图为艺术化处理效果图。

2 亿 ~ 1 亿年前，宇宙的元素主要是氢和氦，后来，逐渐演变成宇宙网（宇宙的最大尺度上构成物质基础的元素网络）的稠密节点，一些最初的结构得以形成，尤其是第一代恒星。

与如今诞生的还含有其他元素的恒星不同，第一代恒星仅由氢和氦构成，但其体积和质量却相当大。太阳与之相比也只是它们的数百分之一甚至数千分之一。这些早期诞生的恒星表面温度极高，约为 10 万摄氏度。

这些恒星非常明亮，光度可达太阳光度的百万倍，照亮了黑暗时代，但是大部分光是不可见的——从温度上考虑，这些古老恒星发出的紫外光辐射电离了周围的中性氢雾。这个过程称为再电离。在此过程中，紫外光给了原子中的电子足够的能量，使它从原子中分离出来。由于电子带负电荷，失去负电荷会使这些原子带有正电荷。

星云形成恒星 第 **90** 页

超巨星之死

重要科学家：斯坦·伍斯利、沃尔克·布罗姆、马丁·里斯、霍华德·邦德

第一代恒星可能比今天质量最大的恒星还要大，你看到的超新星爆炸或许是那颗巨星垂死前释放的最后一道强光。

　　这批恒星体积巨大，散发耀眼的光芒。第一代恒星特别活跃，但它们以极快的速度燃烧氢，大约持续了100万年，相比之下，太阳的寿命为100亿年。当到达终点时，这批恒星在辉煌的火焰中渐趋熄灭。

　　因其原始成分缺乏较重的元素，这些恒星会爆炸形成非常奇特的超新星，释放的能量比如今能量最大的超新星还要多100倍。这些灾难性的爆炸会对随后的宇宙演化产生两个至关重要的影响。

　　一是产生了新的元素，这些新元素不是在大爆炸中形成的，它们会被下一代恒星吸收。

　　二是会留下超大质量的黑洞，其中隐匿着巨大的引力场，这些黑洞可能催生了后来每个星系中心的巨大黑洞：一个质量是太阳的几百万到几十亿倍的超大质量黑洞。

关键进展

没人见过第一代恒星或超新星爆炸，但天文学家已经探测到了第二代恒星——其中一些目前还在，如缺乏重元素的恒星HE0107-5240。这表明，多代恒星还未扩充星际介质时，这颗编号为HE0107-5240的恒星就已经形成了。

超新星 第116页 恒星级黑洞 第122页

原初星系

重要科学家：贾斯·伊林沃思、雷哈德·布文斯、沃尔克·布罗姆、伦纳德·塞尔

$T \leqslant$ 10 亿年

随着越来越多的恒星诞生，第一代星系开始形成。然而，原初星系的核心有一悖论。大多数大型星系的中心都有一个超大质量黑洞，其质量是太阳的数百万或数十亿倍。天文学家发现，超大质量黑洞的质量通常与其周围星系的中央凸起大致成正比。这说明黑洞的诞生和星系是相关的，但哪个是先出现的呢？

天文学家仍在探究超大质量黑洞是如何形成的。

一种可能是，这些超大质量黑洞由第一代恒星的超新星留下的大量恒星质量黑洞合并而成。然而，在大爆炸后不到 10 亿年的星系中，发现了超大质量黑洞——对于所有这些较小的黑洞来说，合并肯定还为时过早。另一种可能是，这些超大质量黑洞是由一个年轻星系中心的巨大气体云坍缩后直接形成的。

关键进展

在 2003—2004 年，哈勃太空望远镜总共花了将近 12 天的时间盯着一小块夜空，观察了 10 000 个遥远的星系。哈勃太空望远镜分别于 2009 年和 2012 年对该区域更小视场和更深区域进行了拍摄，分别获得了哈勃超级深场和哈勃极端深场两张太空影像。图像所示最古老的星系可以追溯到大爆炸后的 6 亿年。

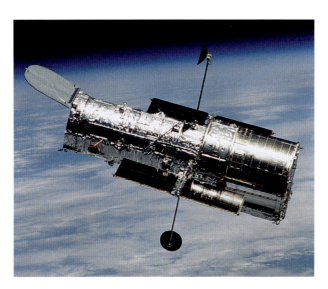

2002 年的哈勃太空望远镜。宇航员为其安装了太阳能电池板、一个相机、一个功率控制单元，一个反作用轮组件和一套实验冷却系统。该望远镜于 1990 年首次发射和部署。

 旋涡星系 第 **66** 页 星系演化 第 **212** 页

并合星系

重要科学家： 詹妮弗·洛茨、伦纳德·塞尔、华莱士·萨金特

$T \leqslant$ 10 亿年

第一代并合星系形成了更大的星系，并最终成长为比银河系大得多的巨大星系。

而我们今天看到，弥散于星系间的气体可发生摩擦，促使这些星系在所谓的"星爆"中形成新的恒星，或者滋养星系中心的超大质量黑洞，而引力、潮汐力扭曲了这些星系的形状。宇宙早期要小得多，星系之间的距离也更近，这意味着它们之间的冲突更频繁。

阿塔卡玛大型毫米波 / 亚毫米波阵列（ALMA）是在智利北部阿塔卡玛沙漠中由 66 架射电望远镜组成的大型毫米波阵列，已知的首例星系合并事件就是在这个波阵列中发现的。这一特殊事件出现在大爆炸后的 8 亿年，被命名为 B14-65666。

哈勃太空望远镜的后续观测显示，与我们的银河系相比，这些星系质量适中，总质量只有太阳的十分之一。两大星系合并后会催生出大量新恒星。

关键进展

艾伦·桑德奇（1926—2010）、唐纳德·林登 - 贝尔（1935—2018）和奥林·埃根（1919—1998）在 1962 年的早期理论中指出，星系是大质量气体云坍缩后形成的，但这一理论并没有解释星系的所有特征。16 年后，伦纳德·塞尔（1930—2010）提出了星系可能是自小而大形成的想法，即较小的碎片合并形成一个较大的星系。

艺术化处理的早期宇宙中星系的碰撞及合并效果图。

旋涡星系 第 66 页　椭圆星系 第 68 页　矮星系 第 72 页

银河系的诞生

重要科学家： 迪德里克·克鲁伊森、克里斯蒂娜·齐亚皮尼、格里·吉尔摩、露丝玛丽·怀斯

$T\approx$ 10 亿年

这一效果图展示了银河系的诞生过程。没有旋臂，只有星团聚集在一个活跃的超大质量黑洞周围。

等级合并指的就是星系之间合并以形成更大质量的星系。银河系就是这样形成的。银河系是一个旋涡星系，有一个巨大的银盘，里面的恒星和气体呈旋涡上升臂状。银盘的银核里面有一个超大质量黑洞，围绕着银盘并以银核为中心的是银晕，是一个大致呈球形的星云。

银河系中最古老的部分是银核和银晕，最初形成于130亿年前，由小型矮星系合并而成，这些矮星系紧凑而致密，如同在光环中发现的一个个巨大的球状星团。银河系的旋涡盘更年轻，其历史还不到100亿年，也可能是通过蚕食较小的星系而增长的，其中两次比较引人注目的合并：一次发生在克拉肯星系，另一次发生在香肠状结构的盖亚－恩科拉多斯上。

关键进展

2020年，天文学家揭开了银河系的合并历史之谜，表明其历史上经历了大约20次合并，最大规模的合并发生在100亿~60亿年前的克拉肯星系上，从而极大地扩大了银河系的规模。

 银河系 第84页 银河系晕和球状星团 第86页 旋臂 第88页

宇宙循环

重要科学家： 弗雷德·霍伊尔、玛格丽特·伯比奇、杰佛瑞·伯比奇、威廉·福勒

进行中

据说，随着恒星年龄的增长，它们会污染周围的环境，而星系则会负责收拾残局。这些恒星会以爆炸的形式结束生命，或者膨胀成红巨星和行星状星云。但无论以哪种方式，其核心产生的各种化学元素都会喷射而出。

最初的恒星完全由氢和氦组成，死亡时释放出更重的元素，那些残骸极有可能再循环形成新一代恒星。第二代恒星死亡时，又加入了新的元素，如此循环往复，每一代都涉及元素周期表中的不同元素，这进一步丰富了星际介质。本质上，星系就像一个回收中心，确保上一代恒星留下的物质可成为下一代恒星的组分。

第一代恒星形成时，还没有重元素，自然也尚未达到岩质行星和生命的演化阶段，只有在恒星内部形成，并在死亡时释放的元素才能给这些世界带来生命。正如卡尔·萨根（1934—1996）曾经说过的一句名言：我们是由"星际物质"组成的。

关键进展

宇宙中已知最古老的行星之一是 TOI 561 星，由 NASA 的凌日系外行星勘测卫星的任务号发现。这颗行星已有 100 亿年的历史了，是地球的 1.5 倍大，不过人们对它知之甚少。其存在证明，在大爆炸后不到 40 亿年内，至少有足够的重元素形成岩质行星。

就像这幅效果图中描绘的那样，这些大质量恒星以超新星的形式爆发，将恒星内部形成的重元素扩散到太空中。

恒星核合成 第**208**页

太阳系的起源

重要科学家： 皮埃尔－西蒙·拉普拉斯、艾伦·博斯

T= 92 亿年

　　早在 45 亿年前，太阳系就从一个正在经历引力坍缩的巨大的分子气体和尘埃云中旋转而生。太阳系的 98% 是氢和氦，2% 是由前几代恒星产生的被回收利用的重元素。当云团核心坍缩时，一颗叫作太阳的恒星便诞生了，剩下的气体和灰尘降入一个环绕太阳的原行星盘中，随着时间的推移，行星诞生了。

　　最初，原始太阳星云的直径可能有 65 光年，并分裂成许多碎片。每个碎片都是一颗新恒星和新行星的雏形。原始太阳星云的总质量会略高于太阳的质量。

　　随着星云的坍缩，它旋转得越来越快。随着更多的气体尘埃从太阳星云落到原行星盘上面，其核心的密度变得越来越大。10 万年过去了，引力、磁场、气体压力和旋转的混合物将其压扁成一个直径约为 200 个天文单位（299 亿千米）的原行星盘。

关键进展

2020 年，科学家分析了陨石中发现的前太阳时代的碳化硅颗粒，发现其中一些已经有 70 亿年的历史，是由早在太阳系之前的恒星形成的。这一发现有力地证明了宇宙循环的存在。简而言之，元素生于前代，亡于下代。

如艺术化处理后的效果图所示，太阳系是由原行星盘——围绕年轻太阳旋转的气体和尘埃——组成的。

陨石　第 **142** 页　碰撞吸积（太阳系形成）　第 **199** 页

燃烧的太阳

重要科学家： 乔治·赫比格、吉列尔莫·哈罗、阿尔弗雷德·乔伊

T = 92 亿年

关键进展

分裂并产生太阳的分子云应该也形成了许多其他恒星。天文学家渴望找到太阳的这些"兄弟姐妹"。到目前为止，人们已经确定了其中 2 个：HD 162826，距离我们 110 光年，比太阳温度略高；HD 186302，现在距离我们 184 光年，几乎和太阳一模一样。

我们要感谢引力点燃了太阳。正是这种力将物质拉到旋转的原行星盘中心，使其不仅温度足够高，而且是一个高压环境。

一旦温度和压力足够，氢原子就会被压碎（聚合）形成氦气。在这个过程中，能量得到了释放。随着第一次能量爆发，太阳诞生了。

初诞生的太阳需要等待一段时间才能达到这个阶段。其核心温度越来越高并更加致密，引起核聚变反应，引力导致的收缩和聚变驱动的膨胀互相平衡，使其持续性地发光发热。在这个阶段，太阳诞生仍然不到 1000 万年，这颗年轻的太阳就是我们所称的金牛座 T 型变星——以居住在金牛座分子云中的一颗年轻恒星而命名，其特征是强烈的两极喷流，产生于膨胀中的物质被磁场搅散时。

太阳即将迎来的 5000 万岁生日之前，其核心温度达到了 1500 万摄氏度，生命步入主序阶段。慢慢地，太阳离开了与其同样诞生于气体和尘埃云的星体姐妹们。

在这张哈勃太空望远镜拍摄的照片中，年轻恒星的两极持续向外射流（偶极外向流）。

太阳 第 **126** 页

行星诞生

重要科学家： 艾伦·博斯、杰克·利斯奥尔、哈尔·利维森

T=
93 亿年

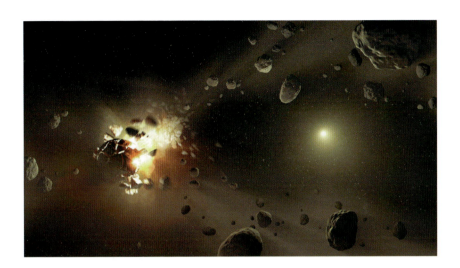

太阳形成时，并没有吞噬所有的物质，而是留下了一些诞生行星的原行星盘。原行星盘冷却时，气体凝结成尘埃颗粒。前太阳系星云中熔点较高的硅酸盐和金属等元素，在比较靠近太阳的内太阳系，仍能以固状物的形态存在。岩质行星（水星、金星、地球和火星）都是由这些物质组成的，许多其他原行星也是如此，只不过随着时间流逝，被逐出太阳系或摧毁了。

离太阳越远就越冷，气体就越多。很快，在 1000 万年或更短的时间内，气态巨行星木星和土星诞生了，它们是太阳系中最先形成的两个气态巨行星，其巨大的质量能够迅速将气体卷

行星是通过核碰撞和吸积形成的，从小鹅卵石到小行星大小的天体，然后是原行星。

走，其引力影响也会作用于较小内行星的形成。

与此同时，在这些行星之外，天王星和海王星在一个由水、氮和二氧化碳等挥发物被冻结成冰的区域内形成。

关键进展

我们对太阳系起源的了解，很多来自对系外行星（围绕其他恒星运行的行星）的研究。智利的 ALMA 能够探测原行星盘中尘埃发出的无线电波，这说明行星的诞生非常复杂。

→ 太阳系　第 **124** 页

月球诞生

重要科学家： 罗宾·卡纳普、威廉·肯尼斯·哈特曼、唐纳德·戴维斯、阿尔弗雷德·卡梅隆、威廉·沃德

T =
93 亿年

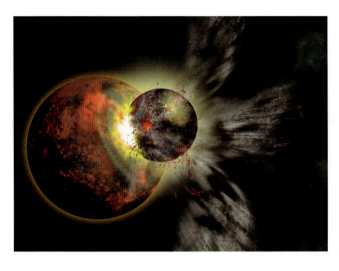

月球是由一颗火星大小的原行星和原始地球碰撞产生的碎片形成的。

月球由大撞击形成。太阳系诞生大约一亿年后，一个大约相当于火星大小的天体忒伊亚撞击了原始地球。这次碰撞是灾难性的——严重程度超出灭绝恐龙的小行星撞击事件一亿倍。计算机模拟显示，忒伊亚以 45° 角撞击地球，速度约为 4 千米 / 秒。

在撞击的过程中，忒伊亚的地核和地幔与地球的地核和地幔结合在一起，而忒伊亚的一些地壳和地球的地壳在地球周围形成了一个环。随着时间的推移，环中的熔融物质聚集在一起形成了月球。

月球的形成有几种理论，但迄今为止巨大撞击假说是接受度最高的，尤其是其本来就存在证据支持，如月球的物质构成与地球类似。

重要科学家

月球起源背后的巨大撞击理论最初是由威廉·肯尼斯·哈特曼（1939—）、唐纳德·戴维斯（1952—）和阿尔弗雷德·卡梅隆（1925—2005）以及威廉·沃德（1944—2018）在 20 世纪 70 年代发表的 2 篇论文中提出的。在 10 年后的一次科学会议上，这一理论成为最受欢迎的理论，并得到了持续性的发展，这尤其要感谢科罗拉多州博尔德市西南研究所的罗宾·卡纳普（1968—）所做的贡献。

月球 第**138**页

行星迁移

重要科学家：哈尔·利维森、亚历山德罗·莫比德利、凯文·沃尔什

T=93~98亿年

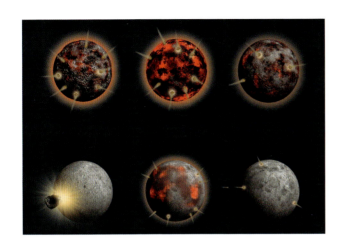

在尼斯模型中，气态巨行星形成于离太阳较近的地方，然后向外迁移，散射小行星和彗星。这幅插图按顺序展示了月球遭受轰炸的历史。

现如今，太阳系中的行星都是在各自的轨道上绕着太阳有序运动，但也有例外，某些行星在向外迁移的过程中，轨道曾发生偏移。

动荡时期的第一个理论是尼斯模型，以法国蔚蓝海岸天文台所在城市尼斯市的名字命名。根据该理论的描述，巨行星（木星、土星、天王星和海王星）形成之初离太阳的距离是其现在轨道位置离太阳的距离的2倍，并慢慢向外迁移，向四面八方分离出小行星和彗星，其中许多会在所谓的后期重轰炸期（LHB）撞击内行星。

因为后期重轰炸的证据并不充分，天文学家开始考虑另一种理论：大迁徙假说。根据该理论，木星成形之初就开始快速向内迁移，接近今天的火星，直到土星赶上它为止，土星的引力扭转了木星的路线。木星的迁移会对内行星尤其是火星的形成产生重要影响。

重要进程

1995年，米歇尔·马约尔（1942—）和迪迪埃·奎洛兹（1966—）发现了第一颗围绕类太阳恒星的系外行星。该行星，即飞马座51b，是一颗离其恒星非常近的气态巨行星。然而，行星诞生的理论表明，气态巨行星不可能在离其恒星如此之近的地方形成。因此，飞马座51b和其他类似的星球一定是从其形成的地方向内迁移而来的。

 系外行星 第**94**页 木星 第**154**页 行星迁移 第**200**页

吸收碎片

重要科学家： 尤金·休梅克、赵景德、路易斯和沃尔特·阿尔瓦雷茨

进行中

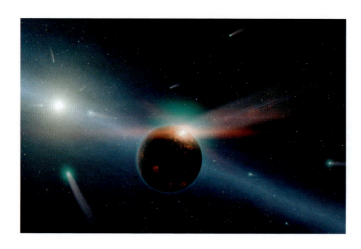

不断增长的行星通过清扫太阳系中撞击其表面的碎片，如彗星和小行星，吸积了更多的物质。

在尘土飞扬的背景下，年轻的太阳系中没有结合起来形成行星的物质，会在火星和木星之间的小行星带、海王星轨道以外的柯伊伯带或行星之间的空间找到归宿。

考虑到早期的太阳系熔点高，占据小行星带的数百万块太空岩石都是岩石，富含碳、硅、氧和金属元素。与此同时，太阳系的边缘坐落着柯伊伯带。这一区域非常寒冷，而这里的行星碎屑是由冰和甲烷、氨等冰冻化合物组成。

行星，或者说气态巨行星的核心，是与这些大大小小的碎石碰撞而形成的，虽然这一进程可能已经放缓，但并没有停止。月球上的陨击坑是撞击形成的，我们偶尔会看到彗星或小行星与木星相撞，而地球可能从彗星或小行星的撞击中获得了水。而其中一次撞击导致了恐龙灭绝。

关键进展

地球上的水的氢与氘（氢的同位素）的比例非常特殊，所以其水源必须具有相同的比例，显而易见，来源就是彗星，但对多颗彗星的研究表明，其比例并不相同。富含水的小行星现在是极为可疑的星体对象，因为其含碳质陨石小行星的比例几乎与地球上海洋的比例完全相同。

小行星带 第**148**页 柯伊伯带及其天体成员 第**184**页 彗星 第**188**页

太阳的演化

重要科学家：亚瑟·爱丁顿、弗雷德·霍伊尔、朱莉安娜·萨克曼、凯瑟琳·克雷默

$T \approx$ 200 亿年

太阳已经燃烧了 46 亿年，大约还能稳定地燃烧 70 亿年。在这段时间里，太阳温度会越来越高，越来越亮，其光度每 10 亿年增加 6%。这听起来不算什么，但却意味着在大约 10 亿年的时间里，太阳的亮度不断增加，地球上的生命将热到无法生存，海洋的水也将蒸发，地球将会变成一个烧焦的尘暴区。

在太阳生命即将结束的时候，氢将会消耗殆尽，从那一刻起，太阳将演化成新的物质。在太阳核心处，氢将全部聚合成氦，因此，当核心中的核反应停止时，太阳内部将在引力作用下坍缩，导致温度上升，核心周围的壳层中的氢开始发生聚变反应。

这种所谓的"壳燃烧"将导致太阳膨胀到当前的 1000 倍，并成为红巨星。

关键进展

1910 年，天文学家亨利·诺利斯·罗素（1877—1957）和埃纳尔·赫茨普朗（1873—1967）合力开发了我们今天所说的赫罗图。该图绘制了恒星亮度与颜色（温度）的关系，图表的不同区域指明了不同类型的恒星，但直到 20 世纪 40 年代发现氢聚变后，人们才理解赫罗图所显示的恒星从氢燃烧到红巨星的演化过程。

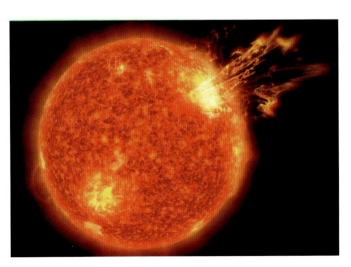

太阳衰老，将越来越热，越来越亮，10 亿年后的地球将不再适宜生命生存。

 红巨星 第 **110** 页　恒星演化 第 **207** 页

太阳系的未来

重要科学家： 朱莉安娜·萨克曼、凯瑟琳·克雷默、阿诺德·布斯罗伊德

$T \approx$ 200 亿年

当太阳膨胀成红巨星时，围绕其近距离轨道上的行星将无法避开消亡的命运。那时的太阳足以吞没水星、金星，甚至地球。

太阳是否会吞噬地球，取决于太阳会变得多大，但不管怎样，这对地球来说都不是个好消息。随着红巨星距离我们越来越近，地球表面将因强烈的辐射和巨大的热量而熔化，然后蒸发，同时，稳步剥离大气层，到最后，地球将变成一个致密的铁块。火星也许能从太阳的吞噬中逃离，并在一段时间内达到一定温度，形成稳定的液态水，但液态水最终也会蒸发殆尽。

更外围那些行星的冰卫星的宿命可能不同。随着太阳变亮并变大，宜居带（离太阳的距离正好，那里的温度正好适合水作为液体存在）将向外移动，也许会给土卫六、木卫二和土卫二等海洋卫星带来生命。

关键进展

1997 年，科学家拉尔夫·洛伦茨（1969—）、乔纳森·卢米尼（1959—）和克里斯·麦凯（1954—）表明，当太阳变成红巨星时，土卫六（目前是一个富含水冰和碳氢化合物的寒冷天体，表面有丰富的富含碳的分子）可能会形成海洋和丰富的有机化合物，然而，这一宜居期只会持续几亿年。

太阳膨胀成红巨星，会在地球上空膨胀，吞噬水星和金星，最终也吞噬星球。

红巨星 第 110 页　木卫二 第 158 页

太阳之死

重要科学家：威廉·赫歇尔、亚瑟·爱丁顿、亨利·诺利斯·罗素、爱德华·皮克林、威廉明娜·弗莱明

太阳将在数十亿年后演化成红巨星，其核心将在引力作用下继续坍缩，核心温度将由现在的 1500 万摄氏度上升至 1 亿摄氏度，至此，氦聚变生成碳，太阳将获得第二次生命。

太阳开始消耗其核心氦时，核心温度继续上升，直到达到 3 亿摄氏度。这足以同时点燃所有的核心氦，从而引起一种叫作氦闪的爆炸。随后，壳层氦开始发生热核反应，就像氢燃烧一样。太阳步入它的最后阶段，因壳层燃烧变得不稳定，并发生一系列的热脉冲和质量损失。脉冲使太阳的外层脱离，在美丽的行星状星云之下，其核心暴露出来，残余一颗白矮星。

关键进展

许多行星状星云有着美丽的对称形状，就像蝴蝶或水母那样。然而，最近对行星状星云复杂外形的观察和建模表明，这些星云可能是双星系统产生的，而不是像太阳这样的单一恒星产生的。这也许意味着，与其他行星状星云奇妙的扭曲和旋涡形状相比，太阳的行星状星云稍显平淡。

太阳衰老时，其核心的氢燃料将耗尽，它的外部边界会膨胀，进入红巨星阶段。最终外壳吹落，大量恒星物质抛撒在太空之中，形成行星状星云。

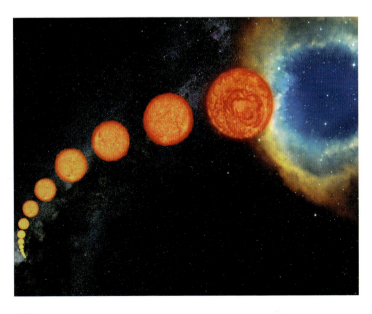

行星状星云 第 112 页　白矮星 第 114 页　恒星演化 第 207 页

遥远的未来

重要科学家：弗雷德·亚当斯、格雷戈里·劳克林、亚伯拉罕·勒布

$T=$
1万亿年

艺术化处理的近银河仙女星系效果图。

在遥远的未来，天空中的一切都会发生变化。恒星似乎相当稳定，就像太阳一样，但最终都会消亡，要么变成红巨星，要么爆炸形成超新星。然而，尽管恒星会消亡，也会有更多新恒星出现。

大约40亿年后，仙女星系及其约万亿颗恒星将与银河系相撞，并形成一个新的椭圆形星系，天文学家将其称为银河仙女星系。在合并过程中，恒星不会真正发生碰撞，但巨大的气体云会相撞继而产生充满活力的新星系。

经历漫长的时间，每颗恒星都会消亡，宇宙中所有的气体都会耗尽，因此不能形成新的恒星，剩下的只有白矮星、黑洞和中子星。白矮星慢慢冷却形成黑矮星，即冻结的遗迹，不会发光，也不会发热。太阳至少需要 10 000 亿年才能进化到这个阶段。

关键进展

银河系和仙女星系的合并不是银河系演化的终结，本星系团中的其他星系，也就是本星系群，最终也会与银河仙女星系发生碰撞而合并。与此同时，在 1000 亿 ~1500 亿年里，除了仙女星系在向我们靠近，宇宙膨胀将使所有星系和其他天体彼此远离，因此，宇宙中的物质将越来越稀薄，以至于夜空中再也看不到其他星系。

星系演化 第 **212** 页

宇宙的命运

重要科学家： 约翰·巴罗、弗兰克·蒂普勒、马丁·里斯、斯蒂芬·霍金

$T \geqslant 10^{100}$ 年

　　宇宙终结的决定性因素取决于暗能量的运行，暗能量正在使宇宙的膨胀加速。

　　在很大程度上，暗能量随着时间的推移是减弱还是增强决定了宇宙的未来。如果暗能量减弱，将导致引力慢慢萎缩或消失，最终宇宙崩塌成，形成"大坍缩"。

　　如果暗能量变强或者保持不变，就有两种可能的情况。但在这两种情况下，宇宙都会永远膨胀，直到星系彼此相距甚远，消失在宇宙中。一种可能是，膨胀放缓，但永远不会完全停止，只留下一个巨大死寂的虚空，也就是所谓的"热寂"，即所有物质衰变（熵达到最大值），包括质子等亚原子粒子都会变成辐射。另一个可能是暗能量变强，在一场大撕裂中把时空结构撕裂。

关键进展

宇宙的命运取决于暗能量，但我们还不知道暗能量究竟为何物。如果暗能量确实类似爱因斯坦的宇宙常数，那么，随着膨胀中新空间的产生，暗能量只会随着时间的推移变得更强。然而，如果暗能量是一个标量场，那么其强度可能会随时空而发生变化，宇宙的命运由此变得不可预测。

宇宙三种可能结局：左上角是大坍缩；右边是它无限膨胀的两种情况，一种比另一种发散得慢一些。最底下的图演示了宇宙随着膨胀而加速，直到陷入自我大撕裂的场景。

多重宇宙 第198页 暗能量 第215页

组成部分

丝状结构与巨洞

宇宙最大结构的星系分布模式

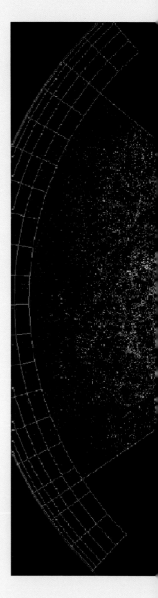

绵延的薄片和细丝链构成了巨大的"宇宙网"结构，物质就集中于此。这些称为丝状结构的物质延伸数亿光年，边缘相互融合和连接，包围着巨大且空荡的空间（巨洞）。引力把无数的星系聚集在星系团和超星系团中，星系中发出的光和辐射使细丝成为可见物质。

考虑到星系中可见物质仅占宇宙质量的 1/6，巨洞似乎是看不见的暗物质的理想潜伏场所——实际情况却是，经过对星系团和超星系团之间大规模运动的测量，发现二者并未深受巨洞引力的影响（如果含有暗物质，则是可以预期的）。

事实上，这些结构太大了，无法解释为它们在引力影响下物质聚集到一起——自大爆炸以来的 138 亿年里，根本没有足够的时间形成如此巨大的结构。相反，在最大尺度上，宇宙网状结构似乎是宇宙大爆炸的"回音"，就是说，这是大爆炸后不久各处物质分布的变化结果。

玛格丽特·盖勒

玛格丽特·盖勒（1947—　）绘制了首幅三维宇宙图，揭示了宇宙中最大的结构。20 世纪 80 年代，哈佛－史密松天体物理中心（CfA）进行的星系红移调查，测量了广阔天空中的星系红移现象（通过测量星系的距离），从而发现了著名的丝状天体结构——"长城"。

25 亿光年之内的宇宙大规模结构，由 3.9 米英澳望远镜红移巡天所揭示。

物质分布 第 16 页 束缚系统 第 18 页 结构之初 第 40 页
宇宙黑暗时代 第 42 页

著名的丝状结构

CfA2 长城
斯隆长城（乌鸦座 – 长蛇座 – 半人马座长城）
玉夫座长城
武仙 – 北冕座长城

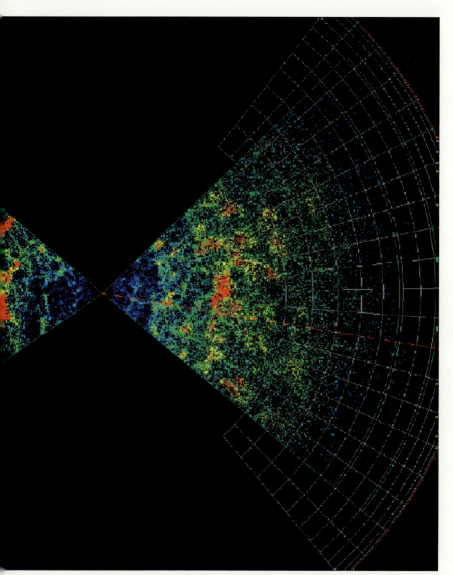

→ 万有引力 第 **201** 页 星系演化 第 **212** 页 暗物质 第 **214** 页
暗能量 第 **215** 页

星系团和超星系团

由集体引力结合在一起的星系群

超星系团

拉尼亚凯亚超星系团，室女座南超星系团，天炉座萨拉斯瓦蒂超星系团，双鱼座彗发超星系团，彗发

恒星或行星距离非常远，远超其本身的大小，但相对而言，星系之间要拥挤得多。至少在局域宇宙中，大约80%的已知星系被引力束缚在密集的星系团或相对稀疏的星系群（如银河系的"局域群"）中。这些结构中星系的数量从几十个到几百个不等，但占据的空间体积相差无几——大约横跨1000万光年。星系团内星系的运动表明，其不仅受到可见伴星系引力的影响，还受到不可见的大量暗物质影响。在星系团中，大部分是暗物质。

星系团通常在其边缘相互融合，以产生巨大的超星系团，直径可达几千万光年。超星系团内的所有星系在共同质量中心的引力影响下，都显示出移动的迹象，所以超星系团就成为宇宙中最大的"引力束缚"结构。尽管其位置受大爆炸后物质密度变化的影响，但其实际结构主要是数十亿年来引力作用的结果。

乔治·阿贝尔

乔治·奥格登·阿贝尔（1927—1983）在帕洛玛山天文台的巡天数据收集与分析中，通过长曝光摄影首次捕捉到了数百万个暗淡的星系，发现由成百上千个星系集聚在一起组成的星系团。阿贝尔记录了其中2700多个星系团。

物质分布 第**16**页 束缚系统 第**18**页 结构之初 第**40**页
宇宙黑暗时代 第**42**页

Abell 2744 YI 是 Abell 2744 星团（潘多拉星团）
中的一个星系，它比银河系小，但产生的恒星更多。

万有引力 第 201 页 星系演化 第 212 页 暗物质 第 214 页

旋涡星系

旋臂中有大量恒星形成的盘状恒星系统

　　旋涡星系由大量气体、尘埃和恒星组成的有旋臂结构的扁平状星系，其直径从几万光年到二十万光年不等，在结构上也显示出相当大的差异。经典的旋涡星系包含一个更老的红色和黄色恒星中心，像一个稍微压扁的小圆面包，周围则有一圈更薄的恒星圆盘。明亮的蓝白色旋臂出现在星系中央一个凸起的杆端，并沿着旋涡路径穿过由各种中年期恒星组成的扁平星系盘，可通过其形状和清晰度界定旋涡的类别。棒旋星系（包括我们熟知的银河系）在星系盘中间有一个由古老恒星聚集而成的棒状结构，旋臂就位于两端。

　　尽管首次出现，但星系旋臂并不是明亮恒星组成的星系链（在几次星系旋转后，这些恒星会缠绕并被拉入中心），而是密度更大、恒星形成更多的区域。几乎所有的恒星都是在旋臂中诞生的，最重和最亮的恒星生活在轨道上，但没等到轨道把它们带到他处，这些恒星便走向死亡。而寿命更长、更小和更暗的恒星则幸存下来，进入普通的恒星盘。

威廉·帕森斯

盎格鲁－爱尔兰贵族威廉·帕森斯，第三代罗斯伯爵（1800—1867）在爱尔兰的比尔城堡建造了世界上最大的望远镜（镜面直径为72英寸）。在研究当时被称为"星云"的神秘模糊物体时，威廉·帕森斯是首个注意到其中一些天体呈旋涡结构的人。

著名的旋涡星系

仙女星系（M31），仙女座

三角星系（M33），三角座

波德星系（M81），大熊座

南风车星系（M83），长蛇座

旋涡星系（M51），猎犬座

束缚系统 第18页　并合星系 第46页　银河系的诞生 第47页　→

旋涡星系 NGC 3147，直径约为 140 000 光年，距离地球约 130 000 光年。

万有引力 第 **201** 页 恒星形成 第 **209** 页 密度波和星系结构 第 **211** 页
星系演化 第 **212** 页

椭圆星系

正在衰老的恒星，以黄色和红色为主，呈球形或椭圆形

查尔斯·梅西耶

法国天文学家查尔斯·梅西耶（1730—1817）首次系统地编排了天空中最亮的星团、星系和星云。梅西耶的巡天观测最终列出了 102 个天体，包括巨大的椭圆星系 M 49 和 M 87，以及较小的 M 32 和仙女座旋涡星系的卫星。后来天文学家将天体名单扩大至 110 个。

　　球形或椭圆星系约占所有已知星系的 20%，它们既包括最小的星系，也包括最大的星系，形状和组成各不相同，从密集的球体和形状细长、酷似雪茄的星体到松散、稀疏的球体。椭圆星系大多缺乏形成恒星的原始物质，几乎全部由黄色和红色的古老恒星组成。这些恒星沿星系核心的共同引力中心的椭圆轨道运行，但其轨道也有不同的倾斜角度，因此塑造了球形的外观。

　　科学家们认为，椭圆星系是多次碰撞合并的结果。在这些灾难性事件中，单个恒星之间的碰撞虽然很少，但形成恒星的气体云会直接发生撞击，产生焰火，温度高到可以逃离星系引力并"点燃"周围空间的程度。因此，尽管这一过程最初产生了大量恒星，但过程一结束，最亮的恒星老化、燃尽，星系只剩下寿命更长、更暗和温度更低的恒星。透镜状星系通常有一个椭圆形的中心，周围是气体和恒星的圆盘，但没有正在形成的恒星，或将代表碰撞后的下一个阶段。

著名的椭圆星系

M 32（矮星），仙女座

Maffei 1，仙后座

NGC 5128（透镜状星系），半人马座

M 49（巨星），室女座

M 87（巨星），室女座

束缚系统 第 **18** 页　并合星系 第 **46** 页

椭圆星系 ESO325–G004，位于人马座，
距离地球 4.16 亿光年。

万有引力 第 **201** 页 星系演化 第 **212** 页 活动星系核 第 **213** 页

不规则星系

包含大量的气体云、尘埃，年轻且明亮的恒星

著名的不规则星系

大麦哲伦云，剑鱼座 / 山案座

小麦哲伦云，杜鹃座

NGC 2337，天猫座

NGC 1427A，天炉座

束缚系统 第 **18** 页 原初星系 第 **45** 页 并合星系 第 **46** 页

亨丽埃塔·斯旺·莱维特

亨丽埃塔·斯旺·莱维特（1868—1921）因研究小麦哲伦云而闻名。莱维特认为这个孤立的星团中的所有恒星与地球的距离大致相同，其表观亮度代表了其真实的亮度，揭示了变星（即造父变星）的周光关系——根据亮度和距离之间的关系，我们就能算出这颗恒星实际上离我们有多远。

所谓的不规则星系是由不成形的恒星云、气体和尘埃组成的，常常能看到恒星正在形成的迹象。不规则星系虽比旋涡星系小，但其直径可以从几千光年到几万光年不等，约占当下宇宙所有星系的 1/4。天文观察表明，在宇宙诞生的最初的几十亿年里，不规则星系的种类非常丰富。

不规则星系大致分为两个类别。"I 型不规则星系"的结构微弱但可探测到，如棒状中心和松散的旋臂，而"II 型不规则星系"则完全不成形。最著名的例子就是大麦哲伦云和小麦哲伦云。

总的来说，随着气体、尘埃和恒星的相互作用，较大的不规则星系渐渐转变为扁平的盘状星系，旋涡结构开始出现。在遥远的过去，不规则星系出现的频率更高，这表明它们是星系的组成部分，后来经过频繁的合并，慢慢地形成了今天宇宙中我们看到的大型旋涡星系。

1910 年左右，亨丽埃塔·斯旺·莱维特
在哈佛大学天文台的办公桌前工作。

万有引力 第 **201** 页 恒星形成 第 **209** 页 密度波和星系结构 第 **211** 页
星系演化 第 **212** 页

矮星系

最小最暗的星云

宇宙中，明亮的大星系之间还存在着昏暗而松散的较小星系。这些星系亮度较低，这意味着很难在附近的太空区域之外探测到它们的踪迹，但银河系和仙女星系都伴随有几十个这样的星系，而且在更遥远的星系团中发现的这类矮星系越来越多。矮星系大多为熟悉的星系形状，包括椭圆星系、旋涡星系和不规则星系，再加上一些更大星系中从未发现的奇异形式，其中包括矮椭球星系（松散的球形云，有少量较老的恒星和些许尘埃）和超致密矮星（小恒星云），这些可能是矮星系剥离外层恒星后留下的致密核心。

尽管矮星系的恒星数量相对较少，但在近距离接触时，矮星系的恒星似乎能够抵抗其他星系更强的引力，表明其本身一定有一个巨大的引力锚，可将诸星结合在一起。其中心也可能有一个超大质量黑洞——占矮星系总质量的 10% 以上——因此在比例上比更大的星系大得多。

哈罗·沙普利

哈罗·沙普利（1885—1972）在玉夫座中发现了第一个矮星系。沙普利最初误认为它是一个遥远的星系团，然后确定单个分散的是暗淡的恒星，并得出结论，这是一个围绕银河系运行的新恒星系统。

著名矮星系

人马矮椭圆星系，人马座
大犬座矮星系，大犬座
NGC 147（矮椭球星系），仙后座
NGC 185（矮椭球星系），仙后座
人马不规则矮星系，人马座

束缚系统 第 18 页 原初星系 第 45 页 并合星系 第 46 页

哈罗·沙普利早年的志向是当一名
记者，但当他想学的课程被推迟
后，他转而选择了学习天文学。

 万有引力 第 **201** 页 星系演化 第 **212** 页

相互作用的星系

推动星系演化的近距离接触和碰撞

除主要的星系类型外，还有一系列星系属于"特殊"星系。它们通常至少显示出一种主星系的特征，例如，拥有一个以上的红（黄）色恒星的轮毂状核心，拉长的"飘带"，甚至是轮状圆盘或辐条状结构，而不是旋臂结构。

这些特殊星系大多可以用宇宙中普遍存在的单个星系之间的碰撞和相互作用来解释。星系通常与星系本身规模相似的间隙分开，巨大的质量使其能够对周围环境产生强大的引力。即使星系没有直接发生碰撞，但其所产生的潮汐力（黑洞对恒星近侧的引力要比远侧更强一些）也会扰乱恒星和其他物质正常有序的运转，导致旋臂展开并压缩气体和尘埃，产生巨大的恒星形成区。在较小的尺度上，当一个较小的矮星系靠近一个较大的矮星系时，似乎会暂时加快旋臂中恒星的形成速度，不过最终矮星系可能会被撕裂，其恒星和其他物质会被吸收到更大的星系中。

哈尔顿·阿普

20世纪60年代，哈尔顿·阿普（1927—2013）编制了第一本特殊星系图谱，借星系特有结构的多样性来解释其演化过程。虽然这项工作本身是有其价值的，但阿普本人却认为这些星系是在喷射物质的过程中被捕获的，而不是在捕获物质的过程中。最终，他的观点被证明是错误的。

束缚系统 第**18**页 原初星系 第**45**页 并合星系 第**46**页

著名的相互作用的星系

M51/NGC 5195，猎犬座

双鼠星系，NGC 4676，后发座

Arp 87，NGC 3808/3808 A，狮子座

斯蒂芬五重星系，HCG 92，飞马座

赛弗特六重星系，HGC 79，巨蛇座

NGC 4038 和 NGC 4039 是位于乌鸦
座的两个相互碰撞的星系。

万有引力　第 **201** 页　恒星形成　第 **209** 页　密度波和星系结构　第 **211** 页
星系演化　第 **212** 页

星爆星系

被恒星诞生潮照亮的星系

虽然大多数不规则星系富含构成恒星（以及新生恒星）的气体和尘埃，但有些星系将这一点发挥到了极致。这些所谓的星爆星系正在以极快的速度经历恒星爆发。在大多数情况下，星爆似乎与附近较大星系的合并有关，也就是说较大星系的不均匀引力产生了潮汐力，在较小星系的气体云中产生巨大的压缩波，从而催生了大量的恒星。

最亮和最大质量的恒星仅在形成后的几百万年内就衰亡，星爆过程可以持续很长一段时间。尽管最初的潮汐力有所减弱，但这些大质量恒星爆炸产生的超新星冲击波压缩附近的气体，从而催生新一代的恒星，"连锁反应"开始了。

然而，超新星最终也可能结束这一过程，因为这些新星可以加热并加快附近气体的运动速度，不太可能被引力捕获，从而不会融入新的恒星。在极端情况下，这种热气体可能会完全克服其星系相对较弱的引力，从而逃逸到周围的星际空间。

M 82，又称雪茄星系，是位于大熊座的一个星爆星系，距离地球 1200 万光年。

束缚系统　第 **18** 页　原初星系　第 **45** 页　并合星系　第 **46** 页

著名的星爆星系

银元星系 NGC 253，玉夫座

NGC 1569，鹿豹座

阿普星系 220，巨蛇座

NGC 7714，双鱼座

艾伦·索林格

艾伦·索林格（1941—2017）和同事提出了星爆星系的概念，此前，对 M 82 星系的研究推翻了其曾是大爆炸现场的理论，表明其亮度来源不同于所谓的"活动星系核"，他们将 M 82 不寻常的外观归因于恒星诞生的"婴儿潮"。

万有引力 第 **201** 页 恒星形成 第 **209** 页 密度波和星系结构 第 **211** 页
星系演化 第 **212** 页

射电星系

嵌入射电气体波瓣中的星系

束缚系统 第 **18** 页 原初星系 第 **45** 页 并合星系 第 **46** 页

NGC 1316 是一个庞大的椭圆射电星系，射电源在夜空中排第四位。

在发射无线电波的巨大气体云中心，发现了许多奇特的星系，这种气体云通常以两个"波瓣"的形式出现在中央星系的两侧，可能比星系本身还要大得多。这些波瓣部分来自母星系中心喷出的薄而窄的喷流。

大多数（即便不是全部）大型星系的中心都有一个巨大的"超大质量黑洞"：其质量相当于太阳的数百万甚至数十亿倍，如果没有引力影响，通常无法探测到。这些星系诞生了数十亿年之久，大多数恒星和其他不稳定轨道上的物质很久以前就被黑洞吸收，只留下在安全距离内运行的物质。然而，星系的相互作用和近距离接触会使物质落向黑洞，强大的潮汐力会将其撕裂。引力和黑洞强大磁场的结合可使一些膨胀的物质加速，并以接近光速的速度从与黑洞两极对齐的两股喷流中喷射出来。这些喷流与周围的星系际气体发生碰撞时会减速，形成巨大云层，发出无线电波长的光芒。

唐纳德·林登－贝尔

唐纳德·林登－贝尔（1935—2018）是第一个提出射电星系和其他活动星系由超大质量黑洞"引擎"驱动的人。该假说建立在其早期星云坍缩模型的基础上，该模型表明星系形成过程经常会在中心产生一个巨大的黑洞。

著名射电星系

NGC 5128，半人马座

M 87，室女座

3C 273，室女座

NGC 1316，天炉座

3C 48，武仙座

万有引力　第 **201** 页　密度波和星系结构　第 **211** 页　星系演化　第 **212** 页　活动星系核　第 **213** 页

赛弗特星系和低电离星系核星系

具有明亮但无法分辨的星系核

著名的赛弗特星系

NGC 5128，半人马座

M 77，鲸鱼座

NGC 1097，天炉座

M 94，猎犬座

ESO 97-G13，圆规座

卡尔·赛弗特

卡尔·赛弗特（1911—1960）最先意识到核心异常明亮的旋涡星系发出的多余光只有几个波长，在星系光谱中表现为狭窄的发射线。当热物质以每小时数千千米的速度围绕核心移动时，形成了宽阔的"翅膀"。

当物质落入星系中心的黑洞，形成活动星系核（AGN）时，可以产生各种效应，伴随着或独立于无线电发射。气体和尘埃落入黑洞时，引力的快速增加会将其撕裂并加热，形成一个太阳系大小的发光物质圆盘，从星系中心发出光芒。随着膨胀物质数量的变化，来自星系中心的辐射强度和波长也在变化。从远处看，这可以赋予赛弗特星系一个明亮的核心，其外形呈紧凑的旋涡结构。

其他活动星系的核心不太明显，但对于特定元素的光发射而言，光谱中的特定波长和颜色具有特异性。这些低电离星系核（LINERs）可能与活跃星系核周围恒星形成的加速速率有关，而不是与活动星系核本身有关。

位于猎犬座的 M 106 的强烈亮度使其成为典型的赛弗特星系。

束缚系统 第**18**页 原初星系 第**45**页 并合星系 第**46**页

类星体和耀变体

由黑洞贪婪地吞噬落下的物质为能量基础，一种明亮的强光源

著名类星体

3C 273，室女座

3C 48，三角座

爱因斯坦十字，飞马座

J0313-1806，波江座

马丁·施密特

马丁·施密特（1929—2022）探测到了一个强烈的射电源：类星体 3C 273，并捕捉到了奇怪的发射光谱，从而揭示了类星体的本质，其所示谱线与任何已知元素都不匹配，但施密特很快意识到这些谱线实际上是熟悉的氢谱线。随着 3C 273 以 47000 千米／秒的速度撤退，多普勒偏移错位。

类星体是迄今为止最遥远的天体，距离地球数十亿光年，也是非常壮观的活跃星系。类星体的母星系大多比较年轻，大量的恒星、气体和尘埃被一个仍在增长的中心黑洞消耗。星系中心坠落的物质被加热到数百万摄氏度时，会发出如无线电和高能 X 射线的辐射。来自 AGN 的光芒超过了母星系中数十亿颗恒星发散的光芒，赋予了这些物质恒星般的外观，只有视野最清晰的望远镜可见其真容，因此得名类星体（quasar: 为 quasi-stellar radio source，准恒星射电源的缩写）。

类星体可以有多种形式——发光的中心圆盘被一个由不透明气体、尘埃和恒星组成的环形室包围着，如果母星系靠近地球，活动星系核就会隐藏起来，如果未隐藏，也只能看到射电波瓣。偶尔，该星系的正面会出现，当从活动星系核逃逸的粒子射流直接对准地球的方向时，便产生了特征光谱——耀变体。

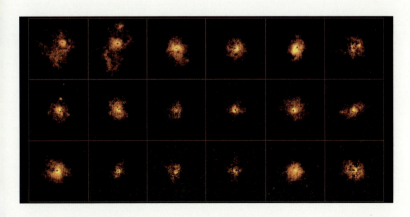

遥远类星体周围的气体光晕，欧洲南方天文台甚大望远镜。

万有引力 第 **201** 页 密度波和星系结构 第 **211** 页 星系演化 第 **212** 页 活动星系核 第 **213** 页

本星系群

银河系与周围一些星系共同组成的群体

本星系群是银河系所在的小星系团，其中包含了大约 80 个已知的星系，其中大部分是小型矮星系。这些矮星系以两大旋涡星系——银河系和仙女星系为中心，组成了两个"星系次群"，第三个较小的旋涡星系（三角星系）和两个中等大小的不规则星系（大、小麦哲伦云）也是其中的重要成员。该星系群在更大的拉尼亚凯亚超星系团内形成了一个相对松散的"团块"，距离地球约 6000 万光年有一个致密的室女星系团，该星系团就位于超星系团中心。

本星系群占据了大约 1000 万光年宽的空间，大多数较小的星系直接围绕两大旋涡星系之一运行，使本星系群整体呈哑铃状。然而，在边缘处，它们模糊成相邻星系群、星系团，究竟哪些星系真正属于本星系群？科学家们对此争论不休：从技术上讲，一个星系可能位于这个星系群的边缘，但如果其轨道未出现被引力束缚的迹象，那就不是这个星系群的成员。

与此同时，仙女座和银河系旋涡之间的引力正以每小时约 40 万英里（约 64 万千米）的速度将两个星系拉向彼此，二者注定将在大约 40 亿年后发生碰撞。

本星系群天体的分布示意图

结构之初 第 **40** 页 原初星系 第 **45** 页 并合星系 第 **46** 页
银河系的诞生 第 **47** 页

著名本星系群成员

银河系

M 31，仙女座

M 33，三角星系

大麦哲伦云，剑鱼星座 / 山案座

小麦哲伦云，杜鹃座

M 32，仙女座

M 110，仙女座

杰拉德·德沃古勒

杰拉德·德沃古勒（1918—1995）在爱德文·哈勃早期思想的基础上，开发出使用最为广泛的星系分类系统。德沃古勒和他的妻子安托瓦内特编制了一份详尽的明亮星系目录，其中考虑了旋涡元素，如环形和透镜型结构以及星系核球的大小和旋臂的一致性。

 万有引力　第 **201** 页　密度波和星系结构　第 **211** 页　星系演化　第 **212** 页

银河系

我们的故乡，一个由气体、尘埃和恒星组成的旋涡星系

原初星系 第 **45** 页 并合星系 第 **46** 页 银河系的诞生 第 **47** 页
宇宙循环 第 **48** 页

2017 年的一个夜晚，纳米比亚鱼河大峡谷上空的银河。

著名的银河系卫星

大麦哲伦云，剑座 / 山案座

小麦哲伦云，杜鹃星

人马矮椭圆星系，人马座

不规则大犬矮星系，大犬座

唧筒座 2 号（星云），唧筒座

　　我们的家乡银河系是一个巨大的棒旋星系，可见直径至少为 12 万光年，包含 1000 亿~4000 亿颗恒星（这种模糊性源于难以看到轮廓区域的确切范围和暗淡红矮星的数量）。太阳系位于其中一个旋臂的小"支线"上，距离其每 2.4 亿年绕轨道运行 1 周的中心约27 000 光年。就此而论，从银河系平面的各个方向看，恒星比我们"向上"或"向下"看时要丰富得多，因为邻近的恒星朝向星系空间。因此，银河系看起来像一条模糊不清的光带，横贯夜空，而银河系中心最亮的部分也是最拥挤的地方。

　　由于附近恒星、气体和尘埃在可见光的波长下阻挡了我们的视线，天文学家必须使用其他波长来绘制银河系更遥远的区域，因此，其真实形状仍在探索之中。直到最近 20 年，人们才认识到银河系是跨度20 000 光年的恒星棒，但对旋臂的数量及其相对凸出度仍然存在分歧。

雅各布斯·卡普坦

雅各布斯·卡普坦（1851—1922）在对天空不同部分的恒星进行详尽的调查时，首次收集了银河系自转的证据。卡普坦发现了两股恒星"流"显然在向相反的方向移动。后来的天文学家表明，上述情况只是一种错觉，而错觉的产生是因为靠近银河系中心的恒星比太阳系运行得快，而远离银河系的恒星则运行得慢。

→　万有引力　第 201 页　恒星形成　第 209 页　密度波和星系结构　第 211 页星系演化　第 212 页

银河系晕和球状星团

银河系周围看似空旷的区域，以及围绕它运行的巨大恒星球

梭伦·欧文·拜利

梭伦·欧文·拜利（1854—1931）在哈佛天文台的秘鲁前哨站工作时，完成了球状星团的大部分开创性工作。拜利细致的拍摄工作捕捉到了星团中成千上万的单个恒星，最后，他认识到这些恒星与银河系中的恒星明显不同。

银心和银盘被晕（一个大致呈球形的巨大区域）包围着，其直径约为几十万光年，虽然看起来大部分是空空荡荡的，但恒星在圆盘外部的运动只能用那里存在大量看不见的暗物质来解释，这些暗物质的引力帮助塑造了其轨道。

这些暗物质中，环绕成球状的恒星云称为球状星团。这些星团通常包含数十万颗恒星，横贯大约100光年，主要由红色和黄色的恒星组成，紧密地聚集在一起，其核心相隔仅数百亿千米（仅仅几光日）。这种情况下，恒星的近距离接触、碰撞甚至合并都是相对常见的。这些恒星中没有重元素，表明这些恒星是宇宙中最古老的恒星。

大约有150个球状星团围绕银河系的长轨道运行，几乎都在距离银心10万光年范围内。据分析，这些星团是较小星系碰撞、合并形成我们的星系时，恒星形成过程中巨大爆发留下的残余物质——由更长时间的合并和碰撞产生的巨型椭圆星系，有着成千上万个类似的星团。

著名的球状星团

欧米茄半人马座，NGC 5139，半人马座

杜鹃座 47，NGC 104，杜鹃座

M 22，射手座

M 5，巨蛇座

M 13，武仙座

M 15，飞马座

不发光物体 第 24 页 银河系的诞生 第 47 页 宇宙循环 第 48 页

M4 星团是天蝎座的一个球状星团，从地球上用双筒望远镜
很容易看到。

万有引力 第 201 页 星系演化 第 212 页 暗物质 第 214 页

旋臂

蜿蜒穿过银河系的圆盘，恒星可在里面进进出出

埃文和珀塞尔

物理学家哈罗德·埃文（1922—2015）和爱德华·珀塞尔（1915—1997）的突破性研究证实了旋臂的存在。1951年，他们在太空中探测到中性氢原子发射出无线电波长，尽管21厘米的谱线很罕见，但银河系中大量的氢产生的信号足以揭示其结构的本来面目。

银河系旋臂

英仙臂

盾牌－南十字－半人马臂

船底－人马臂

矩尺臂

猎户－天鹅臂

旋臂的产生与恒星的形成有关。虽然银河系中臂的精确数量及其相对重要性很难通过银河系平面内的位置来测量，但至少有两个主要臂和两个次要臂。

恒星、气体和尘埃在这些旋涡形的"交通堵塞"区域内进进出出，沿着银心的椭圆轨道运行，当三者减速并相互间发生碰撞时，密度较大的区域开始坍缩并发展成恒星的前身——星云（似乎沿着旋臂的"后缘"），即因受到附近炽热光量的恒星激发而发光的星体。明亮但寿命短的新恒星团沿前缘出现，随后是更暗淡、寿命更长的恒星，它们都将在数百万年的时间里慢慢解体。然而，最亮的恒星在其轨道上运行，还没被带到更宽的银盘时就已经衰老和死亡了。

位于猎犬座的M 51星系具有清晰可辨的旋涡结构。

扩散物质 第 20 页　恒星 第 22 页　银河系的诞生 第 47 页
宇宙循环 第 48 页

银心

巨大的黑洞，黑洞周围有大量的恒星运行

安德烈娅·盖兹

安德烈娅·盖兹（1965—）在发现银心超大质量黑洞的过程中，发挥了重要作用。她利用红外热像仪穿透中间的尘埃，跟踪了恒星的运动，这些恒星围绕银心不可见的物体运行着，最终结果显示，这个特别巨大和致密的物体只能是一个黑洞。

银心特征

人马座 A* 黑洞

S 星团

弓星团

五合星团

银河系中央是一个略为凸起的部分，即银核，直径约为 20 000 光年，厚度约为 8 000 光年，主要由老年红色恒星和黄色恒星组成。虽然银核大部分时间非常安静，没有恒星诞生，但通过 X 射线和紫外线等波长的观测，揭示了离我们大约 27 000 光年外，我们银河系中心发生的另一个故事。

银心被几个星团或新近形成的恒星包围着，包括一些已知的最大质量恒星包裹在过热的气体云中。此区域的湍流似乎是由一个质量约为 400 万个太阳的巨大黑洞的引力所驱动的。在早期的银河系，这个黑洞虽然可能会为类似类星体的剧烈活动提供动力——类星体会喷出带有强大能量的高速物质，席卷整个星系——但现在已经基本上清扫了周围的障碍，恒星可以在安全距离内运行。弥散的气体落在黑洞上，发出的辐射将银心变成了称为人马座 A* 的射电源。

人马座 A* 周围区域相对较弱的光线是由过热的气体云主导的

万有引力 第 201 页　恒星演化 第 207 页　星系演化 第 212 页
活动星系核 第 213 页

星云形成恒星

恒星诞生于巨大的黑暗尘埃和发光气体云

恒星是由氢主导的星际气体和尘埃的巨大云坍缩形成的。这种星际介质在银河系中的平均密度约为每立方厘米 1 个原子，但聚焦在一起的星云密度为此密度的 100 万倍。大多数星云只在低频无线电红外和无线电波长下发光，单凭肉眼很难观测到。然而，由于自身引力或外部压缩（例如星云碰撞或附近恒星爆炸释放冲击波）而经历内部坍缩时，这些星云可能会变成富含尘埃的不透明"暗星云"。

在这些星云中，物质的聚集开始扭曲周围的环境，坍缩过程失控，并最终产生恒星。来自新生恒星的强烈辐射及其强大的星风（从其表面吹走的粒子流）逐渐清除了其周围的星云。这时，这些恒星进入可视状态。与此同时，从这些新生恒星中发出的高能紫外线辐射激发了周围的气体，提高了原子的内能，然后原子通过发射可见光回落到能量较低的状态。其结果是诞生了一个发光的发射星云，其外观就像洞穴一样朦胧且弥散，而中心有一群明亮的新生恒星。

威廉·哈金斯

威廉·哈金斯（1824—1910）的工作证实了许多星云是气态的。他通过星云的光谱发现一些星云（现已知来自遥远的星系）几乎可以产生各个波长的光，因此，该星云可能由无数恒星组成，而另外一些星云只能发出几种不同颜色的光，类似于实验室的气体样本。

蜘蛛星云的恒星形成活动是如此强烈，以至于它的亮度让人忽略了它与地球之间超远的距离——16 万光年。

扩散物质 第20页 恒星 第22页 宇宙循环 第48页

著名的恒星形成区域

猎户星云，M 42，猎户座
船底星云，NGC 3372，船底座
礁湖星云，M 8，人马座
鹰状星云，M 16，巨蛇座
蜘蛛星云，大麦哲伦云，剑鱼座

万有引力　第 **201** 页　恒星光谱学　第 **202** 页　恒星形成　第 **209** 页
密度波和星系结构　第 **211** 页

博克球状体

形成单个恒星系统的不透明气体和尘埃云

著名的博克球状体

IC 2944（撒克里球），半人马座

巴纳德 68，蛇夫座

创生之柱，M 16，巨蛇座

NGC 281，仙后座

巴特·博克

博克球状体是以巴特·博克（1906—1983）的名字命名的。他和伊迪丝·雷利在 1947 年首次揭示了博克球状体在各种星云中的存在情况。当时，博克预测这些球状体可能相当于茧一样的坍缩体，但直到 1990 年，红外观测才证实其中隐藏着年轻的恒星。

随着星云在引力和早期星风的压力影响下坍缩成恒星，高密度区域经历了一段滚雪球般的增长时期，直到最终形成特征十分明显的"博克球状体"——由直径约 1 光年的不透明尘埃和气体云组成的高密度暗云气，这些小球的引力足够强大，即使被附近其他新生的恒星吹出的强烈辐射和星风吹离，也能抓住其物质。

单个球状体可以通过细长的卷须（不透明星际物质的遗迹）在一段时间内附着在更大的柱状星云上，从而形成阴影，免受附近恒星的剥离效应。然而，这些恒星"脐带"最终磨损并消失，使球状体成为太空中孤立的星云，物质在其内部继续积聚在一个或几个密集区域内，最终产生一个或多个恒星系统。

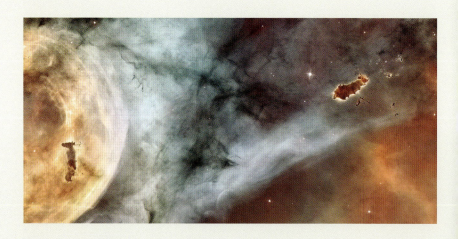

绰号为"毛毛虫"的博克球状体，在船底星云 NGC 3372 的右边。

扩散物质 第 20 页　恒星 第 22 页　不发光物体 第 24 页　宇宙循环 第 48 页

年轻的恒星

被点亮的不稳定恒星

约翰·拉塞尔·欣德（1823—1895）

天空中最著名的年轻恒星被命名为金牛T星，是由约翰·拉塞尔·欣德在一小团发光气体旁发现的，在接下来的几年里，恒星和星云都消失了。由于喷射出的气体云部分阻挡了其光线，所以难以预测金牛T星的亮度变化。

著名的年轻恒星

M 42，猎户四边形星团，猎户座

金牛T星，HD 284419，金牛座

格利泽 674，天坛座

显微镜座 AU 型星，HD 197481，显微镜座

当坍缩的博克球状体的核心温度和密度增加到足以在核心发生核聚变时，新的恒星就诞生了。在此阶段，年轻的原恒星完全通过引力坍缩释放能量，并缩小到木星的大小。随着质量变得集中，这颗恒星的旋转速度加快，几个小时后，旋转终于停止了。如此高速旋转抛出了许多仍被引力吸入的物质，喷射出的物质沿着恒星的旋转轴两极方向喷出，喷流与周围的星际物质碰撞，形成一种发光星云：赫比格－阿罗天体。

与此同时，物质继续在核心集中，直到其温度和密度足以发生核聚变。起初，这个过程只有氘（氢的同位素）参与，但随着恒星内部越来越热，取而代之的是正常的氢聚变。来自辐射的向外压力导致恒星内部迅速膨胀，由此诞生了一颗不稳定的年轻恒星，强星风吹走了表面的气体和尘埃。

巨蛇星云位于巨蛇尾，距离地球1300光年。年轻的恒星使这个恒星形成区域十分明亮。

碰撞吸积（太阳系形成）　第 **199** 页　万有引力　第 **201** 页
质光关系　第 **205** 页　恒星的能量来源　第 **206** 页

系外行星

围绕其他恒星运行的大小行星构成的行星乐园

太阳系的起源 第 **49** 页　行星诞生 第 **51** 页

艺术化处理的围绕红矮星比邻星运行的系外行星表面效果图。

　　大多数新生的恒星都会被其形成时的遗迹包围。这些物质呈现扁平的盘状。在多数情况下，圆盘中的尘埃和气体会聚集在一起形成行星。银河系中，大多数恒星可能有一颗或多颗行星围绕其运行，比起太阳系，这些"系外行星"更动荡。最大的系外行星的质量可能是木星的几倍（不过看上去没那么明显），而在这些气体世界和岩质类地行星之间存在一系列处于中间状态的行星，包括所谓的气体矮星或"迷你海王星"和"超级地球"（超级类地行星）。这些系外行星的物理性质由其组成成分和轨道共同决定——例如，许多第一代发现的系外行星都是"热木星"。这些均是气态巨行星，其轨道离恒星的距离比水星离太阳的距离要近得多（近到其上可能布满了熔岩和水蒸气，大气层蒸发后，留下一个暴露在外的固体核心，即所谓的地狱行星）。虽然太阳系的行星轨道近乎圆形，但许多系外行星的轨道却是标准的椭圆形。已发现行星围绕双星对运行，或围绕多个星系中的单个恒星运行。

米歇尔·马约尔

米歇尔·马约尔（1942—）和迪迪埃·奎洛兹（1966—）于1995年发现了首颗围绕类太阳恒星运行的系外行星。他们使用一种名为 ELODIE 的先进分光镜来分散星光的颜色，检测到飞马座 51 恒星的光线中微小的多普勒频移。这种频移是由一颗绕轨道运行、向不同方向牵引飞马座 51 的"热木星"行星引发的。

著名的系外行星

飞马座 51 b，飞马座

开普勒 −1649c，天鹅座

TOI−849b，玉夫座

WASP−69b，宝瓶座

北落师门 b，南鱼座

 碰撞吸积（太阳系形成）第 **199** 页　万有引力　第 **201** 页　行星迁移　第 **200** 页

疏散星团

一群有着共同起源的年轻恒星，由明亮、寿命短的恒星主导

与恒星的整体寿命相比，单个恒星的形成速度惊人，因此，恒星诞生星云的过程就像工厂一样，在引力波中大规模地生产恒星。这些恒星由较弱的引力松散地结合在一起，与之相对的，是在宇宙致密区域诞生的球状星团。

疏散星团通常包含质量、颜色和亮度范围不一的恒星，但星团越年轻，视觉上就越容易被明亮的蓝色和白色的超巨星遮蔽。这些星团比质量较低的星团更加耀眼，但寿命只有短短的几百万年。随着星团年龄的增长，最重的恒星迅速走到生命的尽头，还没等毁灭于超新星爆炸，它们已经转化成超巨星，因此，随着时间的推移，只剩下更暗、温度更低、质量更小的恒星。星团中恒星之间的近距离接触也会逐渐对其轨道产生干扰，导致星团逐渐解体，而在极端情况下，多星系统中恒星的相互绕行，会导致单个恒星作为高速恒星逃逸或被甩出系统，成为流浪行星。但在一定时间内，科学家仍然可以按移动星群（由于它们的运行轨迹并不完全相同，所以长时间后就会分散）的路径，满太空追踪星团遗迹。

在银河系卫星矮星系小麦哲伦云中，年轻的球状星团 NGC 602 有着 500 万年的历史。

著名的疏散星团

昴星团（M 45），金牛座

毕星团，金牛座

梅洛特 111，后发座

野鸭星团，M 11，盾牌座

蜂巢星团，M 44，巨蟹座

宝盒星团，NGC4755，南十字座

束缚系统 第 18 页　恒星 第 22 页　宇宙循环 第 48 页

理查德·普罗克特

著名天文学作家理查德·普罗克特（1837—1988）为我们了解天空做出了几项重要贡献，其中包括发现了"大熊座移动星群"，这组恒星距离地球大约 80 光年，速度相同，移动方向也相同，标志着它们一个 3 亿年前疏散星团的解体遗迹。

主序星

处于演化中期的恒星，其质量、颜色和亮度密切相关

昴星团（M 45），位于金牛座，由于高温，它呈现出蓝色调。

恒星 第 22 页 宇宙循环 第 48 页 燃烧的太阳 第 50 页 太阳的演化 第 55 页

恒星的预期寿命取决于质量，从最稳定和低质量恒星的数千亿年，到质量大于太阳数倍的明亮恒星的几百万年不等。然而，所有恒星一生中的大部分时间里，都是通过氢原子核聚变形成氦原子的这一过程来产生光和能量。当恒星核心处的氢元素开始燃烧时，恒星就进入了主序阶段——并长期保持稳定的状态。

在此期间，所有恒星的内禀亮度（光度）都与颜色和表面温度密切相关，恒星越亮，其表面温度越高，颜色越蓝。对恒星质量的测量显示，恒星的主序特性也与质量有关，小质量恒星往往是冷的、红色的，颜色较暗，而超大质量星则是热的、蓝色的，并且非常亮。这是由于核聚变反应的程度取决于其引力和核的条件（由其质量决定）。质量的微小差异导致能量输出的巨大差异，虽然大质量恒星和明亮的恒星比它们低质量的兄弟在规模上更大，但其表面仍然会由于逃逸能量而升温。

埃纳尔·赫茨普龙

化学家兼自学成才的天文学家埃纳尔·赫茨普龙（1873—1967）最早提出了主序关系这一概念。1911 年，他在一张图表中比较了昴星团中恒星的光谱型（颜色）和视亮度。通过假设这些恒星都位于相同的距离，他证明了温度更高、颜色更蓝的星团恒星在本质上更明亮。

最亮的主序星

天狼星，大犬座

南门二，半人马座

织女星，天琴座

南河三，小犬座

水委一，波江座

牛郎星，天鹰座

恒星光谱学 第 202 页 恒星结构 第 204 页 质光关系 第 205 页
恒星的能量来源 第 206 页

红矮星和褐矮星

光度最弱、数量最多、寿命最长的恒星

威廉·雅各布·鲁坦
（1899—1994）

威廉·雅各布·鲁坦发现了附近的许多红矮星，他使用拍照的方法来测量恒星在天空中的漂移速度，并假设较大视运动的恒星通常会更靠近地球，这样他就能够区分远处的高光度星和附近的暗星。

质量不到太阳一半的红矮星与其较重的"兄弟姐妹们"不同。红矮星的核燃烧氢气的速度要慢得多，因此，它们看起来非常暗淡，表面温度更低，颜色更红。这些红矮星的数量远远超过银河系中所有的高光度星。离我们太阳系最近的恒星比邻星是一颗红矮星，尽管距离我们只有 4.25 光年，但也只能通过大型望远镜才能观测到。

与其他恒星不同，红矮星的内部结构允许其核从上层得到补充。这意味着尽管红矮星比其他恒星含有的物质更少，但有更充足的燃料供应，理论上可以发光数千亿年。

质量达到太阳的 0.8% 以上，才勉强能够激发中心的氢核聚变，这种小恒星就是红矮星。比红矮星质量还小的，就是被称为"失败的恒星"的褐矮星。褐矮星燃烧了氘而发出微弱的光。

尽管红矮星不会释放大量的能量，但也会出现超强的能量爆发事件。在众多处于主序阶段的恒星当中，红矮星可以产生强大的纠缠磁场，甚至可能比太阳的磁场还要强。这些磁场可以产生强烈的恒星耀斑，在短时间内释放出巨大的能量。

束缚系统 第 **18** 页　恒星 第 **22** 页　不发光物体 第 **24** 页

最近的红矮星

比邻星，4.24 光年，半人马座

巴纳德星，5.96 光年，蛇夫座

沃尔夫红矮星 359，7.86 光年，狮子座

拉朗德红矮星 21185，8.31 光年，大熊座

鲁坦星 726–8 A&B，8.79 光年，鲸鱼座

艺术化处理的红矮星"冷"表面效果图。

怪兽星

超大质量星短暂而辉煌的一生

质量比太阳大得多的恒星发出的光更明亮，表面温度也更高，其核温度更高，压力更大，这意味着核聚变反应的速度更快，因此，质量是太阳几十倍的恒星可以释放出太阳数十万倍的能量。这意味着，尽管这些恒星在诞生之初核中有更多的氢，但正以一种令人难以置信的速度消耗，并在短短百万年间迅速消亡（寿命仅为太阳这样的恒星的千分之一）。

在大多数超大质量星（质量是太阳的十倍左右）中，释放的大量能量将其表面至少加热到 20 000 摄氏度。这些恒星呈蓝色，并释放出大部分不可见的强烈紫外线。恒星质量越大，辐射压就越大，虽然能量输出增加，但实际上，恒星表面温度可能更低（其膨胀到足以使其表面每个点逸出的能量变得更少）。这种超巨星是当今宇宙中最亮的恒星，发出的光也是五颜六色的。

摩根、基南和凯尔曼

20 世纪 40 年代和 50 年代，威廉·威尔逊·摩根（1906—1994）、菲利普·C. 基南（1908—2000）和伊迪斯·凯尔曼（1911—2007），三人在美国威斯康星州耶基斯天文台共同改进了以光谱对恒星进行分类的 MMK 分类法，其中增加了罗马数字来表示"光度级"，范围从 I（代表最亮的超巨星）到 V（代表主序星）。

最亮的大质量星

老人星，船底座

参宿七，猎户座

马腹一，半人马座

心宿二，天蝎座

天津四，天鹅座

尽管距离地球 7500 光年，但是在 19 世纪 40 年代，巨大的侏儒星云也发出夜空中第二亮眼的光。

束缚系统 第 **18** 页　恒星 第 **22** 页　第一代恒星 第 **43** 页

沃尔夫－拉叶星

通过强烈的星风将自己撕裂的大质量星

最大质量星核心的强烈压力和灼热温度为更有效的核聚变反应提供了可能，使质量比太阳高得多的恒星发出数十万倍的强烈光芒。在最极端的情况下，从核逃逸的辐射施加的向外压力非常大，大到足以克服恒星外层的引力。其结果是，诞生了一颗能释放出强劲的星风的恒星——这种恒星向周围释放物质的速度比类太阳恒星快数百万倍。沃尔夫－拉叶星以其发现者——法国天文学家夏尔·沃尔夫（1827—1918）和乔治·拉叶（1839—1906）——而命名，是一种罕见的大质量星。它们的外层基本被驱散殆尽，从而裸露出炙热的星核。最终，这些恒星可能会在几百万年内释放出相当于几十个太阳的物质（高达其质量的一半），对其演化的最后阶段产生重大影响。

向内的引力和向外的辐射压的斗争结果之一是设定了恒星质量的上限。如果质量超过太阳的 150 倍，那任何由当前宇宙原材料混合而成的恒星都会发出强烈的光芒，以至于在诞生之前就将自己撕裂。

约翰·B. 哈钦斯（1941—）

天文学家哈钦斯首次识别出围绕星系最热星的强烈星风。哈钦斯测量了恒星大气层中产生的暗谱线，发现与恒星表面产生的谱线相比，它们的位置基本上都发生了"蓝移"（随着光谱频率的增加向更高处转移），因为产生的物质正以每秒数百千米的速度向地球加速前进。

束缚系统 第**18**页 恒星 第**22**页 第一代恒星 第**43**页

WR 124 是人马座的一颗沃尔夫－拉叶星，它是银河系中逃逸速度最快的逃逸星之一，它被一个被称为 M1-67 的喷出物质星云包围。

著名的沃尔夫－拉叶星

γ-2 船帆座，WR 11，船帆座

苍蝇座 θ，WR 48，苍蝇座

WR 22，船底座

大麦哲伦云中的 R136a1，剑鱼座

变星

由内部不稳定引起的亮度周期性变化的恒星

亚瑟·爱丁顿（1882—1944）

亚瑟·爱丁顿发现了大多数脉动星不为人知的机制，他也创造了第一个精确的恒星结构模型。爱丁顿意识到，恒星的核心能源必须大致保持稳定，其亮度才不会有急剧变化，外层必须调节逃逸的光量。

虽然夜空中的大多数恒星看起来都很稳定，但许多恒星并不像它们诞生时那样稳定（用灵敏仪器进行的长期观察或测量表明，这些恒星的亮度容易出现周期性变化）。虽然许多变化仅仅是由相距较近的双星从彼此前面经过时，阻挡了我们眼睛看到的一些光线引起的，但更多的变化是个体恒星本身的物理特性引起的。例如，当恒星表面的大暗斑或亮点旋转进入视野或消失时，会对到达地球的光量产生重大影响。与此相类似的是，一些快速旋转的恒星在赤道向外凸出，呈卵形，这导致其亮度随观测方式而变。

然而，最常见的变化原因是恒星脉动（从恒星逃逸的光量的周期性变化）。光度通常伴随着恒星的表面积、温度甚至颜色的变化而变化，与核心中产生的能量无关。相反，这些变化往往是在恒星经历某些生命阶段时出现的。在此期间，大气的不透明度随温度增高或降低，导致恒星膨胀或收缩（发生脉动），从而形成透光层。

束缚系统 第 **18** 页 恒星 第 **22** 页

著名的变星

蒭藁增二（又叫鲸鱼座ο），脉动红巨星，鲸鱼座

大陵五，食双星，英仙座

造父一，脉动黄巨星，仙王座

海山二，不稳定超巨星，船底座

距地球约 6000 光年的船尾星是最明亮、
最多变的可见恒星之一。

恒星结构 第 **204** 页 质光关系 第 **205** 页 恒星演化 第 **207** 页
恒星核合成 第 **208** 页

双星及聚星

成对和成组的恒星被锁定在彼此的轨道上

束缚系统 第 **18** 页　恒星 第 **22** 页

距离地球约 380 光年，天鹅座 β（辇道增七）是地球上最容易用肉眼看到的双星。

爱德华·查尔斯·皮克林

哈佛天文台的皮克林和德国的卡尔·沃格尔（1841—1907）首次详尽地推导了双星轨道，虽然皮克林发现了第一个不可分割的"光谱双星"，但对其光谱的零星测量导致模拟轨道出错。与此同时，沃格尔进行了一系列更深入的观察，并找到了正确的解决方案。

著名的双星

北斗六 A/B 和开阳星增一，大熊座

辇道增七，天鹅座

天琴座 ε，天琴座

摩羯座 β，摩羯座

天兔座 γ，天兔座

银河系中许多较亮的恒星都属于双星系统或聚星系统。在多数情况下，在合并的星云分离成两个或更多不同的气体云时，星对和更大的星团诞生，这些气体云中最密集的区域会坍缩形成恒星，被束缚在彼此的轨道上。星云或致密的球状星团内部十分拥挤，从而使恒星被捕获到彼此的轨道上，甚至会交换"伙伴"，不过，这种情况鲜有发生。

双星系统提供了有价值的信息，揭示了恒星演化的秘密。其轨道可以揭示其相对质量，由于星团中恒星与地球的距离相等，很容易看到其质量与亮度之间的关系。更重要的是，在多数情况下，恒星是由相同的原材料在同一时间形成的，所以双星系统清晰地展现了恒星质量的差异如何导致其颜色和亮度的差异，甚至以不同的速度推动了其演化进程。

虽然一些恒星可能需要数千年才能互绕轨道运行，但当其他双星对被引力紧紧地束缚在一起时，足以在几小时或几天内互绕轨道运行。即使是最强大的望远镜也不可能将这对星体分开观测，但可以从其组合的星光光谱线索中探测到其存在。

万有引力　第 **201** 页　恒星光谱学　第 **202** 页　红移和多普勒效应　第 **203** 页　质光关系　第 **205** 页

红巨星

老化恒星比太阳大得多，也更明亮，但温度更低、颜色更红

恒星在接近生命的尽头时，会消耗完其核中的氢，从而引发恒星内部的一些变化（恒星的核失去支持所需的辐射压，并因强大的引力使恒星上的物质向中心坍塌，导致温度激增，核聚变形成一个固态中子球）。实际上，这种"壳聚变"使恒星变得相当明亮，而新的向外压力导致恒星外层向外翻滚，其表面温度明显低于其主序阶段的红巨星。大约 50 亿年以后，太阳将走向这个结局，它会膨胀，吞噬水星、金星甚至地球。

红巨星，即大多数恒星的未来经历了几个不同的演化阶段，会快速收缩和升温，最终核的温度会变得足够高和致密，将氢聚变留下的氦聚变成更重的元素，如碳、氮和氧。一旦天体耗尽燃料，氦聚变将反过来转移到壳层中。总的结果是，一颗恒星的内部在热压力（向外）和质量产生的引力（向内）间微妙地寻求平衡，导致自身的质量大小和亮度都伴有长时间的脉冲。

恩斯特·奥皮克

红巨星的秘密是由恩斯特·奥皮克（1893—1985）发现的，当时他提出了一个大胆的假说，大多数恒星都不是"混合良好"的。换句话说，其核心燃料供应有限，无法从其他地方得到补充。这限制了恒星的寿命，但也意味着其核将随着年龄的增长变得更热，最终引发聚变。

束缚系统 第 18 页 恒星 第 22 页 太阳之死 第 57 页

最亮的红巨星和超巨星

大角，牧夫座

五车二，御夫座

参宿四，猎户座

毕宿五，金牛座

心宿二，天蝎座

在距离地球 724 光年的猎户座，红巨
星参宿四几乎比太阳大 1000 倍。

 恒星结构　第 204 页　质光关系　第 205 页　恒星演化　第 207 页
恒星核合成　第 208 页

行星状星云

垂死的恒星抛出的气体和尘埃，形成了一个美丽的发光气体壳

　　行星状星云标志着像太阳般的恒星短暂而灿烂的一生。随着红巨星内部不断膨胀的聚变壳向表面移动，膨胀的恒星愈发不稳定，喷涌出气体层。若非恒星遗迹中心的强烈辐射，这些气泡很快就会冷却并从人们的视野中消失。随着恒星内层的暴露，其表面温度上升了数万摄氏度，因此，大部分都是紫外线辐射，为周围的气体提供了可燃烧几千年的能量，其发光方式类似于发射星云（恒星诞生地）的辐射方式。

　　行星状星云的形状千差万别，从简单的指环结构到双叶"蝴蝶"和缠结的壳状结构，这些形态不仅由垂死恒星的性质决定，也由周围的环境决定。例如，如果恒星被早期喷射出的一层较厚的气体和尘埃包围，或者伴星的引力将中心的红巨星拉向不同的方向，形成重叠的旋涡，那么星云就可能在中心被挤压。

著名行星状星云

指环星云，M 57，天琴座

哑铃星云，M 27，狐狸座

小虫星云或蝴蝶星云，NGC 6302，天蝎座

土星状星云，NGC 7009，宝瓶座

猫眼星云，NGC 6543，天龙座

位于宝瓶座的旋涡星云 NGC 7293 是由一颗恒星在其演化末期脱落其外层形成的，有时候它会被称为"上帝之眼"。

束缚系统 第**18**页 恒星 第**22**页 宇宙循环 第**48**页 太阳之死 第**57**页

约瑟夫·什克洛夫斯基（1916—1985）

约瑟夫·什克洛夫斯基在测量行星状星云的快速膨胀后，首次推断出行星状星云的性质。他意识到星云膨胀的过程一定非常短暂，这可能标志着两个更庞大、宽广、寿命更长的物体之间的短暂过渡。他通过观察研究，最终确定这两个物体是红巨星和炽热且暗淡的白矮星。

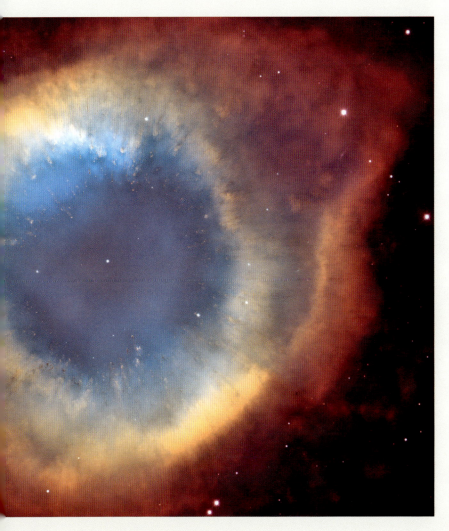

白矮星

像太阳这样的恒星在耗尽核燃料后，由核心形成的炽热余烬

位于大犬座的天狼星 A 是所有恒星中最亮的一颗，自古以来就为
人所知。右边的天狼星 B 是 1862 年发现的一颗白矮星。

恒星 第 22 页 亚原子粒子 第 28 页 基本力 第 30 页 太阳之死 第 57 页

最近的白矮星

天狼星 B，8.6 光年，大犬座
南河三（小犬座 α），11.4 光年，小犬座
范玛宁星，14.0 光年，双鱼座
LP 145-141,15.1 光年，苍蝇座
波江座 B 40（也称波江座 θ），16.3 光年，波江座

恒星死后会怎么样？质量小于 8 个太阳的恒星，在抛去外层成为行星状星云时，生命会走到尽头，露出已耗尽的富含氦、碳、氮和氧等元素的核。没有聚变过程来产生辐射和向外的压力后，这个核心向内坍缩，等到其亚原子粒子之间的排斥力大到足以停止聚变过程为止。在恒星内部由此诞生了一颗白矮星，其密度极大，大小与地球相当。当它从初始的 20 万摄氏度慢慢冷却时，仍会发出强烈的辐射。

白矮星体积微小，不够引人注目。第一批白矮星，如著名的天狼星 B，是由其对双星系统中较亮的同伴的引力拉曳而发现的。在适当的情况下，白矮星甚至可以从其邻近的星体那里吸走气体，使自己周围充满热气体，最终引爆，产生所谓的超新星爆发。一些新星系可以反复爆发，而在其他星系中，白矮星不断吸积（吞噬）周边的天体物质，会继续坍缩成一颗超致密的中子星，坍缩激发的核聚变会导致内部热失控，从而产生大爆炸，即 Ia 型超新星爆发。

苏布拉马尼扬·钱德拉塞卡

白矮星的物理学理论主要是由苏布拉马尼扬·钱德拉塞卡（1910—1995）建立的。他利用新概念物理学——量子物理，揭示了一个长期存在的问题，即当星体能量耗尽时，恒星将坍缩，直至内部电子之间的排斥使白矮星保持稳定。

恒星光谱学 第 202 页 恒星演化 第 207 页 恒星核合成 第 208 页

超新星

巨大的爆炸标志着大质量星的死亡，并形成了宇宙的重元素

沃尔特·巴德（1893—1960）

在 20 世纪 20 年代的天文系，科学家确定了与其他星系的距离后，才注意到这类星体的存在。沃尔特·巴德和弗里茨·兹威基重新观测了 1885 年在仙女星系看到的一颗微弱的"新星"，发现这颗星实际上比太阳还亮数千万倍。

某些怪兽星（质量大于 8 个太阳）在演化接近末期时会经历一种剧烈爆炸，即超新星爆炸，这种爆炸可能会短暂地照亮整个星系。具有足够质量的垂死超巨星可以超过较小恒星的极限继续其核聚变过程，融合碳、氮和氧聚变循环，形成氖、硫和铁等元素。每一波新聚变产生的能量都会减少，消耗得更快，然后，进入恒星核周围的薄壳层。这上面巨大的氢外壳变得越来越不稳定。

恒星核会继续坍缩和升温，直到铁准备聚变。然而，此时的铁是最轻的元素，会熔化并吸收能量而不是释放能量。接下来发生的事情就复杂了，虽还未完全弄清楚，但显而易见的是，支撑恒星结构的辐射压突然被切断，核突然向内塌陷，外部物质会向内压缩，然后突然反弹，由此产生的向外的冲击波撕裂恒星，压缩并加热恒星上层和外层，其温度远远高于任何正常的恒星核，其结果是，在短短几周内，核聚变燃烧了相当于若干倍太阳质量的物质。

著名的银河超新星

185 年的超新星，圆规座

1006 年的超新星，天狼座

巨蟹座超新星，SN 1054，金牛座

第谷超新星，SN 1572，仙后座

开普勒超新星，SN 1604，蛇夫座

束缚系统　第 18 页　恒星　第 22 页　亚原子粒子　第 28 页　基本力　第 30 页

大麦哲伦云中的 1987A 超新星，位于剑鱼座和山案座交界处，它由被发现的年份命名。

恒星结构 第 204 页 质光关系 第 205 页 恒星演化 第 207 页
恒星核合成 第 208 页

超新星遗迹

超新星爆炸后产生的扩散、膨胀的星云

恒星爆炸后会留下一大片膨胀过热的星云，重元素（序列在铁元素之后的元素）基本上是在超新星的剧烈爆炸下形成的。只能通过 X 射线和其他高能射线看到部分超新星遗迹，但其他的超新星遗迹发出的光只是部分可见。

在不断膨胀的云中心，恒星核心的遗迹幸存了下来。由于质量超过了太阳的 1.4 倍，其引力大到足以克服通常使坍缩的恒星核稳定成行星大小的白矮星的压力。坍缩继续，虽其过程中通常会有更强大的阻力，但依然能产生一颗城市大小的中子星。而最大质量的恒星核心将缩小到一个密度无限大的点，从而形成黑洞。

超新星遗迹在其他恒星和太阳系的演化中起着关键作用。这些遗迹膨胀并与一般的星际介质混合，会产生更重的元素，加快后代恒星的聚变速度。像地球一样，这些元素也是岩质行星的重要组成部分。膨胀的冲击波本身也可以作为新恒星形成的触发器，因为冲击波可以穿过并压缩周围的星云。

弗雷德·霍伊尔

弗雷德·霍伊尔（1915—2001）首先概述了在大质量恒星和超新星中构建重元素的过程。霍伊尔首先发现了氦核在超巨星中聚变形成碳和铁等元素的机制，然后，1957 年（与他人）合著了一篇意义重大的论文，揭示了超新星爆发如何生成比铁更重的元素。

300 年前出现在天空中的超新星爆炸的遗迹，仙后座 A。

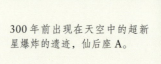

著名的超新星遗迹

蟹状星云，M 1，金牛座

天鹅圈，Sharpless 103，天鹅座

第谷超新星遗迹，SN 1572，仙后座

开普勒超新星遗迹，SN 1604，蛇夫座

船帆座超新星遗迹，Gum 16，船帆座

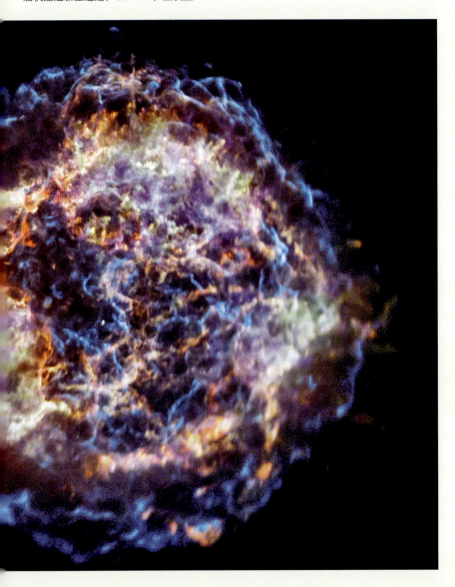

恒星演化　第 207 页　恒星核合成　第 208 页　恒星形成　第 209 页
密度波和星系结构　第 211 页

脉冲星

超密中子星，磁极可发出穿透星系的电磁脉冲信号

一颗巨型恒星的核在超新星爆炸中坍缩所产生的中子星是宇宙中最极端的天体之一。它的质量是太阳2.4倍被压缩成一个直径约20千米的球体，其物质的密度非常之大，一个针头大小的该物质质量就相当于一艘满载的超级油轮。

然而，某些物理定律在这里依然是适用的，特别是核的角动量（一种与原始自旋速率和质量分布相关的属性）和磁场必须保持不变。实践中，这意味着许多新形成的中子星通常旋转会非常快（每秒达数百次）。有些中子星的磁场非常强，将从其表面逃逸的大部分辐射引导到从磁极逃逸的两个窄束中。

因为恒星的自转轴和磁轴一般不重合，于是射电波束沿着磁轴方向从两个磁极区辐射出去，像灯塔发出的光一样，在宇宙中形成两个圆锥形的辐射束，在快速闪烁着，任何碰巧在其路径上的物体，都能看到这种现象。尽管其辐射强度很大，但是中子星太过微小，如果没有这些闪烁的信号，几乎无法探测到其存在。

约瑟琳·贝尔·伯奈尔

1967年，约瑟琳·贝尔·伯奈尔（1943—）在研究类星体的过程中偶然发现了第一颗脉冲星。在与其博导合作的过程中，伯奈尔很快意识到，正如几周前发表的一个模型所预测的那样，快速旋转的中子星致使狐狸座发出无线电波。

恒星 第**22**页 亚原子粒子 第**28**页 基本力 第**30**页

位于金牛座的蟹状星云脉冲星（PSR B0531+21）是一颗相对年轻的中子星。它是超新星 SN 1054 的遗迹。

著名的脉冲星及其周期

PSR B1919+21（狐狸座贝尔脉冲星），1.337 秒

PSR B0531+21（金牛座蟹云脉冲星），33 毫秒

PSR J0835−4510（船帆座脉冲星），89.33 毫秒

PSR J1748−2446ad（人马座已知速度最快的脉冲星），1.4 毫秒

 万有引力 第 201 页　恒星演化 第 207 页

恒星级黑洞

怪兽星坍缩的核心，引力非常强，甚至连光都无法逃脱

　　虽然大多数超新星在爆炸之后会形成中子星，但也有少数会产生更极端的天体——黑洞。这通常是恒星核心的质量在超过某个阈值（8个太阳质量）时形成的，因此即使是亚原子中子的压力也无法阻止其坍缩。核的质量缩小到一个密度无穷大的空间区域——奇点，其存在打破了描述正常宇宙的广义相对论方程。

　　奇点被一个叫作事件视界的屏障与宇宙隔开，这个屏障标志着黑洞的体积，其内引力非常之强，甚至

计算机模拟图像中的黑洞周围的光。

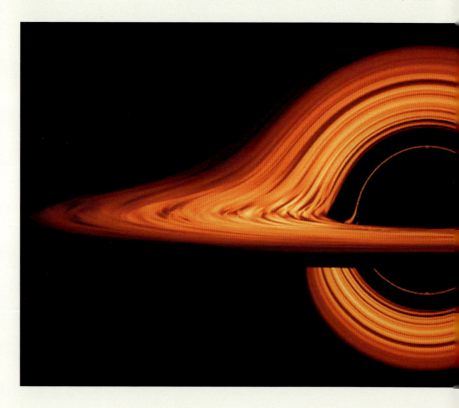

著名的黑洞

望远镜座 QV，5 个太阳质量

天鹅座 V404，9 个太阳质量

天鹅座 X-1，21.2 个太阳质量

人马座 A*，400 万个太阳质量

M 87*（室女座 A），65 亿个太阳质量

连光都无法逃逸。虽然黑洞本身是看不见的，但因对其他物体，如邻近恒星产生引力效应，从而暴露了其存在。黑洞把偏离得太近的物质拉进来（或者从邻近的外层大气中拖出来）时，也可能暴露其存在。当物质呈旋涡状下降到事件视界时，物质被迅速增加的引力场撕裂并加热到高温，还没有被吞噬和添加到奇点时，X 射线和其他辐射便爆发了。

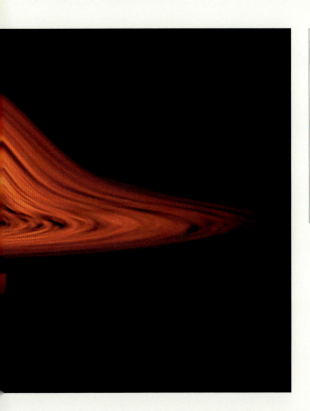

卡尔·施瓦兹席尔德

卡尔·施瓦兹席尔德（1873—1916）预言了黑洞的存在，验证了爱因斯坦于 1915 年发表的广义相对论的预言。然而，直到 1971 年，天文学家路易斯·韦伯斯特、保罗·默丁和查尔斯·托马斯·博尔顿才发现"X 射线双星"系统天鹅座 X-1，证实其包含了一个恒星质量的黑洞。

→ 狭义相对论 第 **196** 页 广义相对论 第 **197** 页 万有引力 第 **201** 页 恒星演化 第 **207** 页

太阳系

太阳周围的空间及其所包含的一切

太阳系可以定义为受局域恒星（即太阳）影响的区域——是什么样的影响呢？传统上讲，太阳系是一个以太阳为中心，被太阳引力约束在一起的天体系统。除了太阳本身，还包括八大行星，围绕这些行星运行的卫星和晕，少数相对较小但仍然很大的矮行星，以及无数较小的天体（包括岩质小行星和冰质彗星）。根据这一标准，太阳系的外缘可延伸到奥尔特云（一个巨大的球形彗星云，位于太阳引力的极限位置）。太阳系中的大多数距离都很容易用天文单

尤金·帕克

尤金·帕克（1927—）在1957年首次提出了太阳风这一概念，认为太阳风在太阳系无处不在，几年后，这一理论才被早期的宇宙飞船证实。帕克意识到，太阳高层大气的极端温度会导致其释放粒子，那么，诸如"彗星的尾巴总是指向太阳的方向"背后的奥秘就可以解释了。

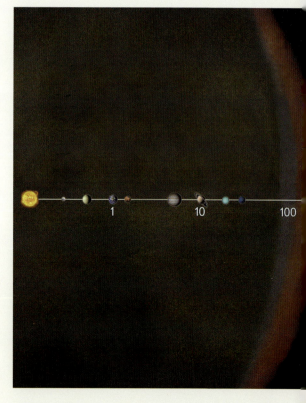

位（AU），即地球与太阳的平均距离（约为 1.496 亿千米）来测量。据此，奥尔特云距离太阳一光年左右（至少 63 000 个天文单位）。

　　太阳系的另一个定义确立了太阳风（以超声速从太阳吹出的粒子流）的主导地位。太阳风环绕着行星的轨道，但在海王星外遇到来自星际空间气体和尘埃的压力时，它的速度会减慢。太阳风无法继续推动星际界质的地方是日球层顶，此处距离太阳只有 120 个天文单位。

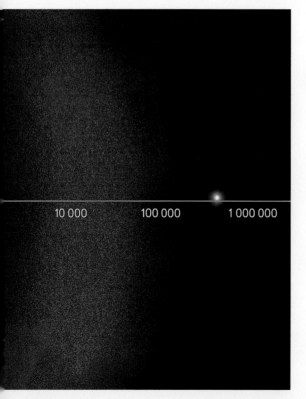

太阳系的边界

海王星轨道：50 亿千米

柯伊伯带的边缘：150 亿千米

日球层顶：最少 180 亿千米

奥尔特云的边缘：约 7.5 万亿千米

对数标度上的太阳系，超过 1 个天文单位后的每一次划分都是前一次距离的 10 倍。从图片左边的太阳开始，显示的行星依次为：水星、金星、地球、火星、木星、土星、天王星和海王星。

碰撞吸积（太阳系形成）第 **199** 页　万有引力　第 **201** 页
恒星的能量来源　第 **206** 页

太阳

太阳系中心的主序星

太阳层

核（半径约 170 000 千米）

辐射区（约 480 000 千米）

对流区（约 696 000 千米）

光球（约 300 千米厚）

色球（约 3 000 千米）

过渡区（约 100 千米）

日冕（百万千米）

道格拉斯·高夫

虽然我们对太阳结构的大部分了解都是理论上的，但道格拉斯·高夫（1941—）开创的日震学确定了太阳的内部结构。20 世纪 70 年代，高夫就像地质学家在地球上使用地震波一样，测量了声波穿过太阳内部引起的太阳表面振荡情况，以此来绘制太阳结构。

太阳是一个巨大的气体球，它与地球邻近，可见直径为 140 万千米，占整个太阳系所有质量的 99.8%，太阳是一颗相当普通的小质量星，大约已诞生 46 亿年——处于主序寿命的一半。在主序寿命中，通过氢聚变成氦而发光。核逸出的高能辐射需要数万年才能通过被称为辐射区和对流区的两个内层，到达表层。辐射在大气中的云层和尘埃中反弹，并在缓慢向外传播时逐渐损失能量。在太阳顶层的底部，辐射被吸收并加热太阳内部的气体状等离子体，使其以巨大的对流单元上升到表面。太阳的可见表面，或者说光球层就是它的透明层，就是说，辐射从对流单元的顶部释放出来，进入太空，而冷却物质下沉，循环重复。太阳稀薄的外层一直延伸到光球层之外，构成了大气的最外层：日冕层。日冕层辐射出的带电粒子流就是太阳风。

恒星　第 22 页　太阳系的起源　第 49 页　燃烧的太阳　第 50 页　太阳的演化　第 55 页

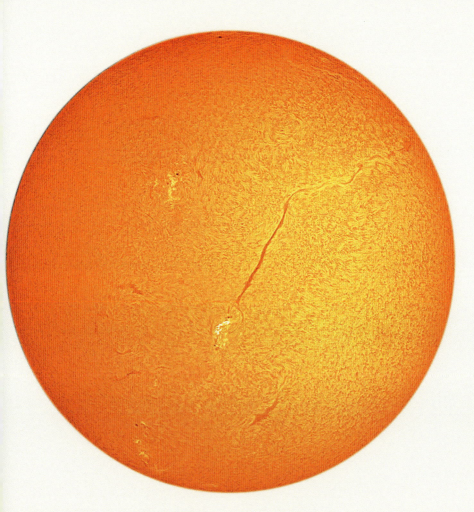

通过一个狭窄的滤光器拍摄的太阳，该滤
光器捕捉到了恒星光球上方的丝状结构。

万有引力　第 **201** 页　恒星的能量来源　第 **206** 页　恒星核合成　第 **208** 页
恒星形成　第 **209** 页

太阳活动

太阳外观和活动的周期性变化

乔治·埃勒里·黑尔

乔治·埃勒里·黑尔（1868—1938）发现了磁力在引发太阳活动中的关键作用。1908年，黑尔分析了太阳黑子周围的光，发现此光分成两个波长略有不同的偏振图像，他认为这是塞曼效应的作用（强磁场对光的影响）。

虽然太阳表面上看起来是一个平平无奇的圆盘，但利用特殊的观测和摄影技术，可以揭示其表面及其上方的许多特征。在大约11年的活动周期中，太阳的磁场会出现周期性转化，导致强度、频率和位置发生改变。

最突出的是太阳黑子，就是光球层中的黑斑，其光球大小接近地球本身。当太阳旋转时，黑子就被带到了圆盘周围。这些黑子看起来很暗，因为它们比周围温度更低，虽然光球层的平均温度是5800摄氏度，但太阳黑子可能只有3000摄氏度。

当环形磁场穿过光球层时，形成了成对的太阳黑子。在更明亮的圆盘下，沿着环形磁场流动的气体会呈现出黑暗的丝状轮廓，或者在日全食时，太阳的周围会镶着一个红色的环圈（日珥）。与此同时，最壮观的太阳活动发生在环形磁场"短路"并重新连接到更靠近太阳的地方。这一过程以太阳耀斑辐射的形式释放出大量能量，可以将周围气体的温度提高数百万摄氏度，以每秒1000千米的速度向太空喷射高能粒子云。

最近的太阳活动周期

第25周期（2019年12月—　）

第24周期（2008年1月—2019年12月）

第23周期（1996年5月—2008年1月）

第22周期（1986年9月—1996年5月）

（周期从1755年开始计算）

恒星 第 22 页　太阳系的起源 第 49 页　燃烧的太阳 第 50 页　太阳的演化 第 55 页

太阳上空的耀斑，由 NASA 的
太阳动力学观测台拍摄。

水星

太阳系最内侧、最小、移动最快，也是离太阳最近的炽热行星

水星是太阳系最内侧和最小的行星，与月球和其他卫星相似，但其微弱的引力和太阳的热量无法形成密度较大的大气层，因此，在数十亿年的时间里，它受到了无数陨石的轰击。然而，水星的富铁核（据分析是在其形成过程中撞击摧毁了周围大部分岩质地幔层的结果）也产生了重要影响。几亿年来，该核似乎首先膨胀，上面的地壳裂开成块，然后向内收缩。其表面由此遍布环形山，一些小山甚至比邻山高出数百米，这比地球上大多数山峰都高，通常延伸数百千米。直到大约 10 亿年前，来自核的热量似乎也为其零星的火山活动提供了动力。

水星绕太阳运行仅需要 88 天，一个水星年中有 2/3 的时间围绕太阳公转。其表面的大部分地区每两个水星年才经历一次完整的昼夜循环，因此，这颗行星的温度变化是所有行星中最极端的，从中午的 425 摄氏度到晚上的零下 195 摄氏度。

戈登·佩滕吉尔

水星的自转速率是戈登·佩滕吉尔（1926—）第一个发现的。1965 年，佩滕吉尔使用阿雷西博天文台巨大的射电望远镜作为雷达，向水星发送无线电波束，并分析返回的信号。来自行星相对两侧的反射证实了其自转周期为 55 天内，而非之前认为的 88 天。

不发光物体 第 **24** 页 太阳系的起源 第 **49** 页 行星诞生 第 **51** 页
吸收碎片 第 **54** 页

水星的主要特征

卡路里斯盆地（陨击坑）

贝多芬盆地（陨击坑）

发现号峭壁（悬崖绝壁）

赵孟頫陨击坑[1]（可能是冰封的陨击坑）

奇怪的地形

根据 2015 年 NASA 的水星探测器信使号传回的数据，水
星的矿物地图得以绘制。在过去的 30 亿年中，水星的表
面几乎没有变化。

———————

[1]　水星上的一个直径 167 千米的陨击坑，是以中国古代画家、书法家赵孟頫的名字命名
的。——译者注

 碰撞吸积（太阳系形成）第 **199** 页 行星迁移 第 **200** 页

金星

被稠密的云层覆盖的地球近邻

麦哲伦号探测任务

NASA 的麦哲伦号（1989—1994）使用综合孔径雷达，绘制了金星的表面地图。该系统曾利用可以穿透云层的无线电波，探测地球轨道卫星。通过分析反射信号，麦哲伦号探测器不仅可以测量下面地貌的高度，还可以测量其坡度、粗糙度和反照率。

金星是地球近邻，大小与地球相当，其反照率极高，从地球望去看起来十分闪耀，但美丽之下却隐藏着地狱般的现实。金星的大气层主要由有毒的二氧化碳组成，表面温度约为 460 摄氏度，加上硫酸雨云和毁灭性的大气压，金星成为太阳系中环境最为严苛的星球。

耗费了无数着陆器和穿云透雾的轨道探测器（雷达卫星）后，科学家们发现金星上曾经发生过多次的大规模火山喷发事件，比地球上的火山喷发要广泛得多，古代的陨击坑已无处可寻（今天能够穿过厚厚的大气层到达表面的较小陨石越来越少）。金星和地球之间的差异或许是由于金星更靠近太阳（金星绕太阳运行 225 天）。其早期海洋也许延缓了金星的板块构造运动，但金星上的高温问题无法解决，使得表面的水源源不断蒸发到大气中。早期大气中的碳被金星外壳中的岩石吸收，但因为缺水，留下了过量的二氧化碳，造成了失控的温室效应。

金星的主要特征

麦克斯韦山脉（山区带）

玛阿特山（盾状火山）

伊斯塔台山（高原）

阿佛洛狄忒台地（高原）

波罗的斯克峡谷（最长峡谷）

不发光物体 第 24 页　太阳系的起源 第 49 页　行星诞生 第 51 页
吸收碎片 第 54 页

NASA 的水手 10 号在 1974 年飞越金星时拍摄了这张增强了
色彩的照片，照片中金星的大气层很厚。

→ 碰撞吸积（太阳系形成）第 **199** 页 行星迁移 第 **200** 页

地球

迄今最大的岩质行星，也是唯一已知的生命居住地

主要构造板块

非洲板块

南极板块

亚欧板块

印度—澳大利亚板块

北美板块

太平洋板块

南美板块

阿尔弗雷德·魏格纳

科学家在大陆上发现海岸线形状和与现在相隔很远的化石之间不寻常的对应关系。1912 年，阿尔弗雷德·魏格纳（1880—1930）首次提出了大陆漂移说——地壳分裂成缓慢移动的板块，从而解释了这种对应关系。然而，魏格纳的理论并未引起人们的注意，直到 20 世纪 50 年代，探险家们在深海海底发现了新地壳形成的迹象，大陆漂移说这才得到重视。

地球是距离太阳第三近的行星，也是太阳系中最大的岩质行星，大约 50% 的太阳辐射能量在可见光谱区（平均距离太阳 1.496 亿千米），正好处于"适居带"[①]，液态水可以在地表长时间存在而不至于冻结或蒸发。这些巨大的引力相互作用，地球内部积累大量的热量，维持了活跃的地质活动，因此地球特别适宜生命的繁衍进化。

地球的圆形轨道和倾斜地轴产生了季节循环，使之能保持适宜的温度，与此同时，广阔的海洋推动了水的循环：水在液态、固态（冰）和气态之间转换。具体而言，降落到陆地上的水一部分进入地下成为地下水，另一部分通过蒸发回到大气圈，其余部分则以地面流水的形式又回到海洋。在这个循环往复的过程中，地球的地貌和景观得以塑造。由铁和镍组成的地核在地球周围产生了强大的磁场，保护地球免受太阳风的破坏，也有助于维持大气和海洋。从地核逸出的热量（加上水循环通过风化和侵蚀过程，将致密的火山岩转化为较轻的火山岩）也导致地球分裂成几十个板块——漂浮在下面地幔层岩石上的碎片每年以几厘米的速度在地表移动。板块分离形成新地壳（大部分在海洋下面），而板块碰撞形成山脉。地幔热柱侵蚀下地壳，形成火山条带，并伴随着地表较高的热流分布。

这种复杂的环境足以为所有形式的生命提供化学反应所需的能量。有证据表明，42 亿多年前，地球上的第一个生命——原核生物诞生。几十亿年来，这些

① 又称"金发姑娘地带"，源于童话《金发姑娘和三只熊》。——译者注

太阳系的起源 第 **49** 页 行星诞生 第 **51** 页 月球诞生 第 **52** 页 吸收碎片 第 **54** 页

1968 年，阿波罗 8 号在月球上拍摄的照片：《地出》。

→ 碰撞吸积（太阳系形成）第 **199** 页 行星迁移 第 **200** 页 胚种论 第 **210** 页

从距地球 300 千米的上空往下看，日出在多云的菲律宾海面上投下长长的阴影。

古老细菌从大气中吸收二氧化碳，后改为吸收氧气，像如今的动物那样。大约 6 亿年前，更大、更复杂的生命形式开始出现，从此塑造了地球的方方面面。

月球

地球已知的质量最大的卫星，一个有着复杂历史的荒凉星球

雷金纳德·奥德沃思·戴利

1946 年，雷金纳德·奥德沃思·戴利（1871—1957）首次提出月球源于地球被撞击，而非离心力，驳斥了当时流行的观点。但直到后阿波罗时代，戴利的理论才受到关注。当时，地质学家意识到这个观点可以解释地球和月球岩石之间的异同。

在所有的主要行星中，与其母星相比，月球是地球最大的卫星。科学家认为，在 45 亿年前一次大规模的行星撞击地球中，抛出的碎片形成了月球。从那时起，月球轨道便慢慢向外盘旋，直到今天，月地平均距离为 384 400 千米，月球每 27.3 天绕地球 1 周。月球的潮汐力导致了地球上海水的潮涨和潮落，而地球对月球的影响减缓了月球的自转，因此月球每绕地球 1 周才自转 1 次，并使其一面永远朝向地球。

月球的直径只有地球的 1/4，质量约是地球的 1%，月球的引力太弱，无法束缚气体形成大气层，因此，在历史上遭受过无数次撞击。阿波罗宇航员带回的岩石样本表明，小行星撞击频率约在 39 亿年前达到峰值，当时，月球受到一系列巨大的撞击，形成了巨大的盆地（艾特肯盆地）。随着撞击频率的降低，在接下来的几亿年里，其坑底被后期喷出的黑色玄武岩充填，从而诞生了我们熟悉的黑暗、表面相对平滑的海洋（月球暗面）和明亮、布满陨击坑的混合地貌（月陆：峰峦起伏，山脉横贯）。

最大的月海

风暴洋

冷海

雨海

丰海

静海

太阳系的起源 第 **49** 页　行星诞生 第 **51** 页　月球诞生 第 **52** 页　吸收碎片 第 **54** 页

2015 年，从国际空间站看到的月球暗面。数十亿年的小行星碰撞和火山爆发形成了坑坑洼洼的地形。

→ 碰撞吸积（太阳系形成）第 **199** 页 行星迁移 第 **200** 页

近地天体

在太阳系内部游荡的小天体

太阳系的小天体大多分布在两个明确的区域，即小行星带和柯伊伯带，但仍有大量小天体在内太阳系和外太阳系的细长轨道上游荡着。小行星多聚集于小行星带，其中的近地天体（NEOs）最初在主小行星带，后来由于近距离接触、碰撞或木星的引力影响而被驱逐。然而，据围绕彗核的稀薄大气层的观测结果显示，太阳系外围有被微小冰质彗星所覆盖的冰封之地。近地天体的大小从40千米长的小行星变为直径只有几米的大块岩石。

近地天体轨道是根据它与地球轨道的关系来分类的。阿莫尔型近地小行星①飞行轨道始终在地球轨道之外，而阿提拉型离太阳更近。与此同时，雅典群和阿波罗群，轨道位于地球轨道以内，进入太阳系中心部分。然而，这并不一定意味着二者有碰撞风险：它们的轨道通常是倾斜的，所以这两种小行星将在地球轨道上方或下方经过。虽然天文学家可以仔细监测近地天体在未来几十年的潜在威胁，但从长远来看，碰撞是不可避免的，过去的许多次撞击（如6600万年前灭绝恐龙的那次撞击）可以证明这一点。

---

① 也称丘比特。——译者注

著名的近地天体

小行星 433 爱神星

小行星 1566 伊卡洛斯

小行星 4179 图塔蒂斯

小行星 99942 毁神星

恩克彗星（2P/Encke）

卡尔·古斯塔夫·伊特

第一个近地天体是由德国天文学家卡尔·古斯塔夫·伊特（1866—1946）于1896年在柏林乌拉尼亚天文台发现的。这颗阿莫尔型近地小行星现在称为433爱神星，是在伊特用来测量另一颗小行星轨道的2小时摄影曝光中偶然捕获的。

不发光物体 第 24 页　太阳系的起源 第 49 页　行星诞生 第 51 页
吸收碎片 第 54 页

在舒梅克号附近，太阳的卫星爱神星的合成照片。2000
年用六张照片合成。

碰撞吸积（太阳系形成）第 **199** 页　行星迁移 第 **200** 页　胚种论 第 **210** 页

陨石

地表上发现的大大小小的天然固体碎块

已知最大的陨石

霍巴陨石（60 吨）

约克角陨石（31 吨）

坎普·德尔·谢洛陨石（31 吨和 29 吨）

阿尔曼特陨石（中国新疆铁陨石）（28 吨）

巴库布里托陨石（22 吨）

不发光物体 第 **24** 页　太阳系的起源 第 **49** 页　行星诞生 第 **51** 页

吸收碎片 第 **54** 页

　　地球每年围绕太阳公转时，会不断遇到自有运行轨道的更小的天体。其中大部分碎片，如彗星尾部的尘埃颗粒，在高层大气中以流星雨或流星的形式燃烧，但每年都有几千块更大的岩石穿过大气层到达地球表面。其中大多数陨石会溅入大海，砸到人的概率极小，也有许多被眼光独特的陨石搜寻者发现。

　　陨石有多种来源。极少部分是来自撞击月球或火星时被抛入太空的小行星，有些则是很久以前解体的大型小行星表面未燃尽的石质或金属遗迹。然而，大多数是自太阳系开始以来就几乎没有变化的岩石样本。这些"球粒陨石"含有微小的矿物球体，是太阳星云中物质的直接化石。虽然大多数"球粒陨石"在靠近原始太阳的高温区域内会聚变成更大的太空岩石，但一小部分的碳质陨星确实没有改变，这样科学家们就能深入研究太阳系的化学物质的平衡机制。

恩斯特·克拉尼

尽管德国物理学家恩斯特·克拉尼（1756—1827）以声学研究而闻名，但他也是第一个发表如下理论的人：天空中的火球与富含铁的岩石掉落到地面的记录是有联系的（以前只存在于目击者的陈述中）。虽然最初遭到嘲笑，但克拉尼竭尽所能地对火球事件进行了各种研究，并最终证实了他的想法。

大约在 8 万年前，重达 60 吨的
霍巴陨石撞击了纳米比亚。

碰撞吸积（太阳系形成）第 **199** 页　行星迁移　第 **200** 页　胚种论　第 **210** 页

火星

最外层的岩质行星，也是与地球最相似的星球

火星的主要特征

奥林匹斯山（盾状火山）

水手号峡谷群（火星最大的峡谷）

塔尔西斯山脉（火山群）

希腊盆地（陨击坑）

北方荒原（平原）

这颗著名的红色行星位于岩质行星的最外层，大小刚刚超过地球的一半，其轨道明显拉长，距离太阳 1.38~1.66 个天文单位，气候寒冷，平均温度约为零下 60 摄氏度。然而，火星与地球有许多相似之处，火星的一天（称为火星日）仅比地球上的一天长半小时，类似的倾斜轴产生了熟悉的四个季节：春季、夏季、秋季和冬季。不过，大气层二氧化碳稀薄，大气压只有地球的 1%。火星表面的岩石含有较多的铁。当这些岩石受到风化作用而成为沙尘时，其中的铁也被氧化成红色的氧化铁。在一些地区，持续一段时间的局部沙尘暴可将灰尘吹到空气中，露出下面较暗的岩石。当火星离太阳最近时，季风会产生巨大的沙尘暴，在季风逐渐消退的几周，都看不清火星的表面。

火星多样的地貌表明，火星可能自始至终都比较活跃。最大的火星火山（包括太阳系最高的奥林匹斯山，大约比珠穆朗玛峰高 3 倍）诞生于数十亿年前，但在其侧面有熔岩浮冰的迹象（地球上较小的火山也有类似现象），似乎几百万年前就有迹可循。另一个突出特征是被称为水手号峡谷群的地质"疤痕"，比大峡谷深 4 倍，长约 4000 千米。

来自轨道飞行器和地表着陆器气体的证据表明，火星曾经比今天温暖、潮湿得多。

好奇号火星探测器

通过好奇号火星探测器收集到的证据，证明 35 亿年前的火星更温暖，且更湿润。自 2012 年以来，这个汽车大小的机器人就已经探索了一个古老的陨击坑：盖尔。它曾经是一个深湖，底部的沉积层出现了巨大的波浪状特征。通过分析这些岩石中的矿物质，好奇号得以了解火星不为人知的历史。

不发光物体 第 **24** 页 太阳系的起源 第 **49** 页 行星诞生 第 **51** 页
吸收碎片 第 **54** 页

这是 1980 年海盗一号火星探测器传回地球的一张火星照片，其表面的沟壑表明这颗行星曾经有丰富的水资源。

碰撞吸积（太阳系形成）第 199 页 行星迁移 第 200 页 胚种论 第 210 页

2018 年，欧洲航天局（ESA）火星快车（2003 年发射）号上的相机显示，季风短暂掀起的火星尘暴，在浅土层肆虐，吹走表面的土壤，露出下面较暗的地形，潦草地画出一幅狂野的图案。

火星上随处可见干涸的河床和过去的洪水冲刷痕迹。虽然大部分古老的海洋和大气已经消失在太空中（部分原因是火星缺乏保护性磁场），但这颗星球的极地冰

盖中仍储藏有丰富的水资源（在二氧化碳冰层之下），并与土壤混合形成大片的永久冻土，在火星的南半球创造了冰川般的地貌。

小行星带

环绕内太阳系的岩质世界云

第一批小行星

1 谷神星（1801）

2 智神星（1802）

3 婚神星（1804）

4 灶神星（1807）

5 义神星（1845）

6 韶神星（1847）

小行星带大多介于火星和木星轨道之间，呈环状区域，聚集了数亿个岩质天体，大约有 200 颗小行星直径超过 100 千米（其中最大的谷神星堕为矮行星），但所有这些物质的总质量不到地球的卫星月球质量的 5%。科学家认为，该小行星带标志着一个区域，在此，木星的引力影响阻止了第五颗岩质行星的形成，幸存的小行星只是最初在该区域轨道上运行的一小部分物质，然后被抛向太阳或扔进太阳系遥远的深处。

小行星带的巨大容积意味着其中大部分是空空荡荡的，并没有科幻电影中描绘得那么拥挤。然而，在百万年的时间尺度上，碰撞和近距离接触屡见不鲜，由此产生了具有共同成分和相似轨道特征的不同小行星家族。偶尔这样的碰撞可以将小行星从小行星带中弹出，偏离到称为柯克伍德空隙的禁区，其轨道周期将使小行星定期受到木星引力的影响。

约翰·埃勒特·波得

约翰·埃勒特·波得（1747—1826）发现当时已知的六颗行星（水星、金星、地球、火星、木星、土星）的距离从内而外可以用一个特殊的数学公式表示，从而预测了小行星带的存在。波得定则（可能与太阳系的形成方式有关）预测在火星和木星的轨道之间"应该"存在一颗行星，并启发天文学家开始寻找这颗行星。

不发光物体 第 24 页 太阳系的起源 第 49 页 行星迁移 第 53 页
吸收碎片 第 54 页

木星和火星轨道之间的小行星带。约100万个此类
岩质天体，长度超过了1000米。图为经过艺术化处
理的效果图。

碰撞吸积（太阳系形成）第 **199** 页 行星迁移 第 **200** 页

谷神星

曾是太阳系最大的小行星，如今最内矮行星

天文学家把小行星带中最大的谷神星归类为矮行星。这是一个质量足够大的天体，可以在自身引力的作用下将自己拉成球形，但所施之力产生的影响不足以清除周围较小的小行星。谷神星绕日运行的轨道是一个椭圆，近日点为 2.8 个天文单位，这使其超出了太阳系的"霜冻线"。此线表示即使在真空中，星球表面的气体也能凝聚成冰冻的颗粒。超过霜冻线的物体往往是由岩石和冰的混合物组成的。

来自曙光号太空探测器的图像显示，谷神星的表面是斑驳的暗灰色，布满了大量的陨击坑，有些陨击坑中还出现了神秘的明亮斑点。其地壳似乎是冰和水合矿物质的混合物。亮点很可能是盐从下面的泥泞地幔层渗入地表，然后随着水分蒸发留下的晶体。科学家认为，蒸发的水在谷神星周围形成了一个脆弱的大气层，且不断被太阳风中的粒子剥离。这一现象足以揭示出谷神星仍然有微弱的地质活动的事实。

朱塞普·皮亚齐

在同代人苦寻火星和木星之间的幽灵行星之际，意大利牧师朱塞普·皮亚齐（1746—1826）偶然发现了谷神星，这是小行星带的第一位成员。在编制一份详细的星表时，皮亚齐注意到一个类似恒星的天体在几天的观测期内不断地变动位置，但又没有彗星那么模糊，由此发现了谷神星。

不发光物体 第 24 页　太阳系的起源 第 49 页　行星诞生 第 51 页
吸收碎片 第 54 页

谷神星的主要特征

阿胡纳山（冰火山）

柯万（撞击坑）

欧卡托（陨击坑）

谷草斑（亮盐斑）

Oxo（有地表水的陨击坑口）

2016 年，NASA 的曙光号宇宙飞船拍摄了这张照片。照片
显示了谷神星北半球氢浓度的变化：颜色从蓝色（浓度最低）
到暗红棕色（浓度最高）。

→ 碰撞吸积（太阳系形成）第 **199** 页　行星迁移　第 **200** 页

灶神星

一颗有着活跃历史的受损小行星

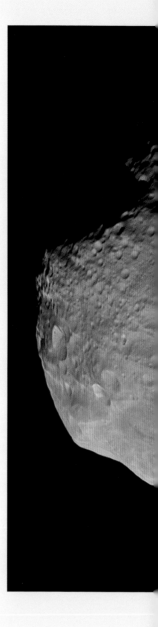

灶神星是小行星带中的第三大天体，与其大多数"兄弟姐妹"不同，它的轨道距离太阳平均为 2.4 个天文单位，其岩石成分高于稍远处的谷神星。灶神星是从地球可以看见的最亮的小行星，这表明灶神星比大多数小行星经历了更多的地质活动。灶神星的平均直径为 525 千米，如果不是因为 500 千米宽的雷亚希尔维亚盆地占据了南极地区的很大一部分，它可能已经把自己拉成球形了。研究人员认为灶神星是为数不多幸存下来的小型岩石天体（经碰撞后形成了内太阳系的这些行星）之一。其中的岩石矿物含有足够的放射性物质，使其拥有炙热的铁镍星核，外面包覆着地幔和岩石的地壳。随着地核冷却，热量从地核中逸出，随后为火山提供动力，重塑了大部分地表。

海因里希·奥伯斯

灶神星是海因里希·奥伯斯（1758—1840）在 1807 年首次观测到的，也是第四颗被发现的小行星。1802 年，奥伯斯发现了第二颗小行星帕拉斯，越来越多的证据表明这些新天体很暗且相对较小，奥伯斯成为首个论证整个小行星带存在的人。

不发光物体 第 **24** 页 太阳系的起源 第 **49** 页 行星诞生 第 **51** 页
吸收碎片 第 **54** 页

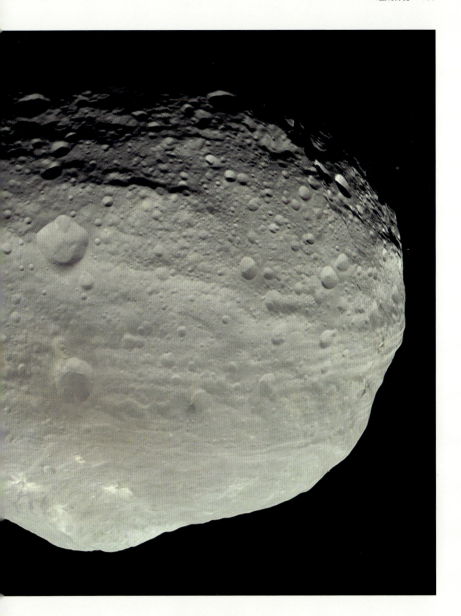

曙光号于 2011 年探测到的
灶神星表面。图片中颜色未
加修饰，非常自然，就像它
看起来那样。

灶神星的主要特征

雷亚希尔维亚盆地（陨击坑）

委奈尼亚盆地（陨击坑）

费里亚平原（侵蚀陨击坑）

迪瓦利亚堑群（峡谷群）

碰撞吸积（太阳系形成）第 **199** 页　行星迁移　第 **200** 页

木星

最内层的气态巨行星，太阳系最大的行星

木星云的主要特征

赤道带

北赤道带

南赤道带

大红斑

木星的直径大约是地球的 11 倍，质量是地球的 318 倍，是太阳系最大的行星，也是最内层的气态巨行星，木星主要由轻质氢组成，但闪电和辐射引起木星大气中组分发生复杂的化学变化，由此形成彩色条带。

虽然木星体积庞大，但其自转却非常快——不到 10 个小时就能自转一周，因此它的赤道区域向外凸出。这种快速的旋转包裹着木星上平行于赤道的主要天气系统，产生了非常复杂和多变的云层带。随着木星内部区域因引力而坍缩，大量热量从内部逸出，引发了大风和猛烈的风暴，比如著名的大红斑，这个地球大小的反气旋，已经肆虐了几个世纪。

木星每 12 年绕太阳 1 周，其巨大的引力对附近的空间施加了强大的影响，而其巨大的磁场一直延伸到土星的轨道。由于其引力的作用，稀疏的光环系统和庞大的卫星家族保持在轨道上，而其他任何离木星太近甚至频繁与木星的校准星都可能遭到破坏。就这样，木星控制了小行星带的结构，甚至影响了太阳系的演化。

朱诺号木星探测器

来自 NASA 的朱诺号木星探测器为了解木星内部结构和复杂天气提供了新线索，它于 2016 年进入围绕这颗巨大行星的轨道。探测器沿着一条高度拉长和倾斜的独特轨道运行，因此可以在两极上空靠近木星，同时偏离危险的辐射带以保证安全。

太阳系的起源 第 **49** 页 行星诞生 第 **51** 页 行星迁移 第 **53** 页
吸收碎片 第 **54** 页

NASA 朱诺号太空探测器于 2020 年拍摄的木星的
南半球。这些旋涡云是由炽热的太阳风吹来的冻结
的氢和氦组成的。

碰撞吸积（太阳系形成）第 **199** 页　行星迁移　第 **200** 页

木卫一

受热辐射影响，木星卫星中最内层的一颗，同时也是太阳系中火山活动最活跃的天体

琳达·莫拉比托

木卫一的火山活动是由NASA工程师兼天文学家琳达·莫拉比托（1953—）在1979年旅行者号飞越此地时发现的。在分析一张为导航而拍摄的木卫一照片时，莫拉比托发现一个巨大但光度微弱的"新月"悬挂在月球上方。这最终被证实是木卫一表面火山喷出的巨大硫黄羽流。

木星最大的4颗卫星被称为伽利略卫星——如果不是它们的轨道，它们可能会被认为是行星。木卫一是伽利略卫星中最靠近木星的，比地球的卫星月球稍大一点，并以类似的距离绕木星运行（不过，木星强大的引力意味着木卫一只需要42.5小时就能完成一次轨道运行）。木卫一的轨道会带着它穿过被这颗巨大行星磁场困住的环形致命辐射带，但同时也会受到木星巨大引力的冲击。木星强烈的潮汐引力使木卫一做阻尼摆动，由此导致的摩擦使得木卫一的内部产生了大量的热量，致使其熔岩喷发到表面，形成了富含硫的化合物和需要更高温度才能液化的类地硅酸盐熔岩。

木卫一的火山有各种形式，从喷向高空的巨大硫黄羽流（这是轨道周围独特的发光粒子环的物质来源），到高耸的锥体火山和渗出的熔岩坑。火山爆发产生了大量不同的含硫化合物，形成了红色、橙色、黄色、白色和绿色等彩色沉积物，每隔几十年木卫一表面就能焕然一新。

木卫一的主要特征

贝利山（火山羽流）

洛基帕特拉火山（盾状火山）

普罗米修斯（熔岩流）

博阿索利山（山脉）

太阳系的起源 第49页 行星诞生 第51页 吸收碎片 第54页

木卫一是太阳系中火山活动最活跃的天体。图为伽利略轨道
飞行器拍摄的木卫一（色彩增强版），1997 年。

→ 碰撞吸积（太阳系形成） 第 **199** 页 万有引力 第 **201** 页

木卫二

有一个薄薄的冰外壳，冰层下面是一片汪洋大海

木星的第二颗主卫星是最小的，但也是最有趣的。像外太阳系的大多数卫星一样，这颗卫星由岩石和冰的混合物组成，但与木卫一不同，在木卫二上，由潮汐力带来的热量导致岩石和冰显著分离，形成了岩石核和冰壳，水则以液态的形式存在于冰层之下。

木卫二有一层呈明亮的白色且具有高反射度的外壳；其表面非常平坦，几乎完全没有陨击坑，形成时期较晚。这些可以证明其寒冷的外壳冰层下面必然隐藏着一片汪洋大海。

木卫二的主要特征

康纳马拉混沌（混沌地形）

拉达曼提斯线（断裂系统）

阿吉诺线（断裂系统）

皮奥夏暗斑（暗斑）

皮威尔（陨击坑）

木卫二北半球航拍图，由美国太空探测器伽利略轨道飞行器于 1996 年到 1998 年间拍摄的图像绘制而成。

太阳系的起源 第 49 页 行星诞生 第 51 页 吸收碎片 第 54 页

从内部涌出的"脏"冰的纵横交错的轨迹，加上冰板块之间的运动和碰撞迹象（相当于地球的板块构造），提供了重要线索。后来对木卫二磁场的测量证实了其100千米的深处有水层存在，温暖的冰甚至液态水都从那里流向地表。专家认为，海底火山富含化学物质，为海洋提供热量，这种环境与地球自身的深海喷口（许多生物学家认为那里是生命的起源地）之间的相似性，使木卫二成为太阳系最有可能存在外星生命的地方。

斯坦顿·皮尔

斯坦顿预测了加热木卫一和木卫二的潮汐热效应。在1979年旅行者1号飞越木星前几周，皮尔（1937—2015）在早期工作的基础上，应用了潮汐定律来展示这些卫星的变形方式，及其如何在岩石内部产生摩擦和热量。

碰撞吸积（太阳系形成） 第**199**页 万有引力 第**201**页 胚种论 第**210**页

木卫三

一颗巨大的木星卫星，吸积过程大约持续了一万年

太阳系最大的卫星，平均直径为 5269 千米，明显比水星大。木卫三主要由硅酸盐岩石和冰体构成，星体分层明显。木卫三的表面主要存在两种类型的地形：一种是非常古老的、密布撞击坑的暗区，另一种是稍微年轻、遍布大量沟脊地的明区。二者之间可谓泾渭分明，这表明木卫三过去非常活跃。

木卫三磁场的特性表明，其内部包含一个仍然温暖、足以容纳熔铁的核心，以及地表下约 200 千米处的一片海洋。虽然木卫三目前没有受到潮汐热的影响——这点有别于木卫一和木卫二，但过去木卫三处于不稳定的轨道共振状态时，或许发生过潮汐热作用，加上木卫三岩石矿物的放射性加热，使不同密度的物质熔化并分离成不同的层。随后，来自地核的热量改变了板块构造，导致古老的陨击坑地壳碎裂并重新排列，新生的冰完全淹没了一些地区，并在其他地区形成了沟脊地，这些冰涌出并填充了断裂带。

伽利略

木星的 4 颗大卫星以伽利略·伽利雷（1564—1642）命名，通常被称为伽利略卫星。伽利略贡献了许多重要的发现和发明，但最著名的当数他用早期自制的望远镜进行观察的成果。他发现了卫星围绕木星运行，这表明并非所有的天体运动都以地球为中心，这激发了伽利略对日心说的探索。

太阳系的起源 第 **49** 页 行星诞生 第 **51** 页 行星迁移 第 **53** 页
吸收碎片 第 **54** 页

木卫三的主要特征

伽利略地区（黑暗的平原）

恩基环形山链（环形山串）

特罗斯坑（陨击坑）

孟菲斯光斑（冰封陨击坑）

乌鲁克沟（沟脊地）

2021 年，NASA 通过朱诺号相机成像仪拍摄的冰冷卫星木卫三。这颗卫星表面下可能有一片海洋。

→ 碰撞吸积（太阳系形成）第 **199** 页

木卫四

木星外层的巨型卫星

木卫四的主要特征

阿斯加德地（陨击盆地）

瓦尔哈拉地（陨击盆地）

苟默尔·卡泰纳山（环形山链）

兜坑（中心有圆顶的陨击坑）

木卫四是木星最外层的主要卫星，仅比木卫三略小一些，但与木卫三形成鲜明对比。木卫四黑暗的表面充满了大大小小各种陨击坑，包括大约 1900 千米宽的巨大环形瓦哈拉盆地。许多陨击坑带有亮辐射纹，而最大的盆地中心明亮且相对平坦。

木卫四每 16.7 天绕木星 1 周，不受潮汐力的影响（没有潮汐热效应，也不会在潮汐的作用下呈现特定的形状）。因此，在其 45 亿年的历史中，木卫四表面大致上没有发生改变，尽管它被无数物体撞击——这些物体因被木星引力吸引而走向毁灭。木卫四成为整个太阳系中陨击坑最多的天体。随着时间的推移，粒子和太阳辐射引发的化学变化导致木卫四岩石层和冰表层变暗。但当新的撞击暴露出浅层冰时，就会形成明亮的溅撞。与此同时，早在新的水冰（可能与地表下 150 千米的海水储蓄层有关）涌出以充填重大撞击的坑时，明亮且平坦的区域就已经形成。

伽利略任务号

我们对木星卫星的大部分了解来自 1995—2003 年围绕木星运行的伽利略木星探测器。伽利略太空探测器与主要卫星进行了无数次近距离接触，通过测量发现木卫三与木星之间的巨大磁场相互作用，因此推导出木卫三和木卫四的地壳下一定有导电的海水层。

太阳系的起源 第 49 页 行星诞生 第 51 页 行星迁移 第 53 页
吸收碎片 第 54 页

木卫四上的直径为 1600 千米的阿斯加
德陨击坑。

碰撞吸积（太阳系形成）第 **199** 页

土星

一个隐藏着暴风雨气候的环形巨星

土星的主要卫星

土卫一
土卫二
土卫三
土卫四
土卫五
土卫六
土卫七
土卫八
土卫九

土星是我们太阳系的第二颗气态巨行星：成分与木星相似，外观却大不相同。虽然土星的质量不到木星的 1/3，但其较弱的引力使其氢气大气层膨胀到几乎与木星的大小相同，土星的平均密度比水小（尽管其岩质核与地球相差无几，但相当致密）。土星的卫星众多，光环结构复杂、千姿百态。在晕的环绕下，土星以 9.5 个天文单位的平均距离绕太阳 1 周，需要 29.5 个地球年。土星极轴比地球要稍微倾斜一点，产

太阳系的起源 第 **49** 页 行星诞生 第 **51** 页 行星迁移 第 **53** 页
吸收碎片 第 **54** 页

生了类似的季节更替。

　　像木星一样，土星也有着平行于赤道的谱带，但与五颜六色的木星云相比，这颗行星还是以奶油色和白色为主。事实上，土星云的表面也有复杂的云带和风暴活动，但土星的大气中飘浮着浓氨雾形成的云，遮住了土星的颜色。

　　除木星表面的特征性标志——大红斑外，在土星漫长的一年中，一些纬度的地区会周期性地爆发风暴。

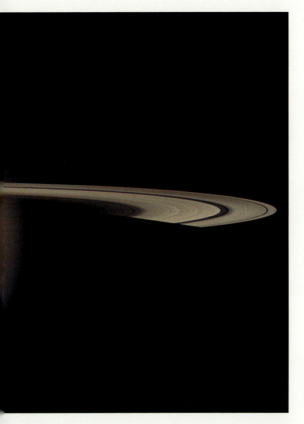

先驱者 11 号

NASA 的先驱者 11 号于 1973 年发射，它是第一个使用弹射方式访问两颗行星的航天器。在 1974 年的一次飞越中，先驱者 11 号用木星的引力改变了航向，并于 1979 年成为第一个访问土星的探测器。先驱者 11 号探测器曾到达距一颗从未被发现的小卫星仅几千千米的地方，差点使这项任务提前结束。

2007 年，卡西尼号轨道飞行器拍摄的 300 万千米外的土星。这颗行星主要由氢和氦构成。

→ 碰撞吸积（太阳系形成）第 199 页　行星迁移 第 200 页

土星环

太阳系最壮观的环状系统

詹姆斯·克拉克·麦克斯韦

物理学家詹姆斯·克拉克·麦克斯韦（1831—1879）首先发现了土星环的性质。在1859年的一篇论文中，麦克斯韦揭示道，土星引力的强度变化会导致固体物质被撕裂成碎片，而液体会变得不稳定并形成斑点。因此，土星环只能由同心轨道上的粒子组成。

土星环系统是太阳系最壮观的景象之一。由无数粒子组成的明亮盘片，从云顶沿着同心圆形轨道，延伸到几乎是行星直径3倍的地方（而更分散的结构可以追踪得更远）。

明亮的内环系统由许多不同大小的能反射的冰块组成，从中心向外看，非常稀薄的D环和半透明的C环包含相对较小的颗粒，而不透明的B环和A环则由更坚固的冰砾组成。这些内环包含几个大的间隙，由于土星大卫星的引力影响，环粒子无法稳定地在轨道上运行，而在其他地方，"牧羊犬卫星"既维持了像F环这样的薄环的稳定存在，又充当了新物质的来源。

这些环的水平范围很大，但很薄，只形成了几百米深的平面。但因其含有大量粒子，这些环从远处看非常坚固。人们对其起源仍然知之甚少——可能是由一颗冰壳卫星（消失的卫星或一颗经过的彗星）与较大的卫星相撞后分裂而成的。环内粒子之间的碰撞不断产生新物质，从而在表面上暴露出新的、明亮的冰。

束缚系统 第**18**页 太阳系的起源 第**49**页 行星诞生 第**51**页
吸收碎片 第**54**页

土星的 A 环和 B 环，将它们分开的黑暗区域被称为卡西尼环缝，这是一个将近 4800 千米的鸿沟。

主要环缝：

科隆博环缝，麦克斯韦环缝（C 环内）

惠更斯环缝（卡西尼环缝内）

恩克环缝，基勒环缝（A 环内）

洛希环缝（A 环和 F 环之间）

→ 碰撞吸积（太阳系形成）第 **199** 页　万有引力　第 **201** 页

土卫六

表面极其寒冷的巨大卫星

土星最大的卫星泰坦（土卫六）是太阳系最复杂的卫星，比水星还要大。由于其大气层内有高含量的氮，因而产生了厚层的橙色烟雾，土卫六看上去模模糊糊。借助红外相机的帮助，穿透这些云层，人们发现土卫六竟和地球相似度极高，土卫六地表是一个复杂的、崎岖与平坦并存的区域。尽管地表温度约为零下 179 摄氏度，但液体的侵蚀填平了土卫六表面的冲击环形山，使其看起来十分光滑和平坦。

虽然这颗卫星的表面温度会使水始终保持固体状态，但其许多特征都和"甲烷循环"分不开（这是一种相当于地球水循环的低温循环，其中油碳复合甲烷在蒸气、液体和固体之间转换，就像地球上的水一样，不过温度要低得多）。甲烷在土卫六表面形成冰，覆盖在岩石上，沿河被雨水冲到平原，通过大气、雨水转换，在半球步入冬季后落入极点附近的火山口湖。在短短几百万年内，太阳辐射会使甲烷分解，所以，甲烷必须不断得到补充（一些相对温暖的火山爆发可能会产生富含甲烷的类冰状结晶物质）。

克里斯蒂安·惠更斯

土卫六是荷兰物理学家和发明家克里斯蒂安·惠更斯（1629—1695）在 1655 年用自制望远镜发现的。惠更斯使用的仪器是一架（基于透镜的）折射式望远镜，它有一根很长的管子，可以将物体放大 50 倍观测，这是当时性能最强大的望远镜，所以惠更斯能够识别土星环的真实形状。

土卫六的主要特征

世外桃源（亮高地大陆）

香格里拉平原（暗低地平原）

克拉肯海（由甲烷组成）

索特拉光斑（疑似冰火山）

梅恩瓦坑（陨击坑）

卡西尼轨道飞行器上的红外成像穿透笼罩土卫
六的薄雾，揭示了这颗卫星的表面样貌。木卫
六是太阳系中仅次于木卫三的第二大卫星。

碰撞吸积（太阳系形成）第**199**页 万有引力 第**201**页 胚种论 第**210**页

土卫二

土星的一颗内卫星，在其冰冷的表面之下，存在着一个温暖的流动海洋

与土星系统中的一些邻近卫星相比，土卫二相对较小，但直径 504 千米的土卫二依然是一个令人惊叹的复杂世界。明亮反光的地表与相对较少的陨击坑表明，土卫二表面处于不断更新之中。

旅行者号太空探测器飞越土卫二，拍下了早期的珍贵照片，天文学家怀疑土卫二的表面被新雪覆盖着。他们认为，从地表下的间歇泉喷发出来的水，立刻凝结成细小的冰晶，使其表面几乎完全被冰覆盖。冰晶散布到环绕其轨道的太空中，由此形成了围绕土星旋转的 E 环。NASA 的卡西尼号宇宙飞船在飞入

卡西尼号任务

卡西尼号，与公共汽车的大小相当，NASA 最大的和性能最强的单个太空探测器；2004—2017 年围绕土星运行，在此期间，发回了无数植物、光环和卫星的图像；有两次直接穿过土卫二南极爆发的羽流，探测到其中的水、二氧化碳和各种碳基化学物质。

太空时，直接穿过一个间歇泉羽流，将新物质注入 E
环，以一种颇为壮观的方式证实了前述的理论。

　　虽然最初认为土卫二的间歇冰泉含有大量的氨作
为"防冻剂"，卫星活动在低温下更有可能，但实际
上，卡西尼号测量显示，羽流几乎是纯水。这意味着
这颗卫星上可能有一个全球性的海洋层，它可能是由
于潮汐加热和其他因素共同作用而变暖的。这样的海
洋会使土卫二成为孕育原始生命的一个星球。色彩强
化后的图像揭示了土卫二的地表细节，包括其南极附
近的蓝色"虎斑条纹"，这似乎有力证明了土卫二海
底存在热液喷泉活动。

土卫二的主要特征

莱波忒特沟脊地（裂谷系统）

撒马尔罕沟脊地（带凹槽的
"老虎条纹"）

斯里兰卡平原（平原）

阿里巴巴（陨击坑）

邓尼扎德（陨击坑）

根据卡西尼轨道飞行器收集
的数据绘制的土卫二红外地
图。月球上覆盖着液态和冰
冻的水；最新的冰沉积物在
图中显示为红色。

碰撞吸积（太阳系形成）第 **199** 页　万有引力　第 **201** 页　胚种论　第 **210** 页

土卫八

以其两半球面巨大的颜色差异而著称的奇怪卫星

土卫八的主要特征

卡西尼区（暗区）

隆塞斯瓦列斯区（亮区）

萨拉戈萨地（亮区）

特吉斯盆地（陨击盆地）

恩格利耶盆地（陨击盆地）

土卫八是土星的第三大卫星，也是与这颗巨大行星一起形成的卫星中最外层的卫星，而不是后来被捕获到轨道上来的。土卫八由两个半球组成，其中暗色的半球永远朝着其轨道运行的方向，亮白色的半球则紧跟其后。然而，两个半球都同样布满了陨击坑。

天文学家认为，土卫八能有如此惊人的外观，归因于一颗名为菲比（土卫九）的大型黑暗天体，它可能是一颗由土星引力捕获到轨道上的大型彗星。土卫九天体上的尘埃向内盘旋，最后一部分被土卫八的前半球卷走。尘土飞扬的表层使卫星这一侧吸收更多的阳光，岩石和冰的混合物升温，冰变成蒸气并逃逸到太空中，留下黑色的岩石，给前半球加热。这样，两个半球之间最初的微小差异就不断扩大了。土卫八的另一个有趣特征是其巨大独特的赤道山脊，这些山脊高度惊人，有些地方甚至高达 20 千米。这些山脊覆盖了土卫八的大部分地区，使它看起来像一个核桃。但这些山脊的起源并不为人所知。

乔瓦尼·多梅尼科·卡西尼

土卫八是乔瓦尼·多梅尼科·卡西尼（1625—1712）在担任巴黎天文台台长时发现的土星四大卫星之一。他发现土星的一边可以看到土卫八，而另一边却看不到，因此推断出这颗卫星一定有两个对比鲜明的半球。而今天，这个黑暗的半球被称为卡西尼区。

束缚系统 第 **18** 页　太阳系的起源 第 **49** 页　行星诞生 第 **51** 页
吸收碎片 第 **54** 页

土卫八明亮的后半球。形成其最显著
地表特征的陨击坑直径为 450 千米。

碰撞吸积（太阳系形成）第 **199** 页　万有引力　第 **201** 页

天王星

一颗倾斜的冰巨行星

天王星环

冰环：6 环，5 环，4 环，α
环，β 环，η 环，γ 环，δ 环，
ε 环

尘埃环：ζ 环（内环 6），λ 环
（ε 内）

外环：μ 环，ν 环

威廉·赫歇尔

天王星是音乐家威廉·赫歇
尔（1738—1822）在 1781
年用自制的反射望远镜观测
双星时发现的。他最初觉得
自己可能发现了一颗彗星，
但这个物体在天空中的运动
十分缓慢。很快，他发现这
个新物体要遥远得多，也大
得多，这是一颗新行星，它
离自己最近的邻居土星如此
之远，太阳系的范围因此扩
大了一倍。

天王星的轨道距离大约是土星的两倍，大小大约
是土星的一半，天王星与海王星一道成为太阳系的两
大冰星。天王星大气的主要成分是氢和氦，还包含较
高比例的水、低熔点的化学物质（氨、甲烷）等结成
的"冰"。天王星的大气层中含有大量的甲烷，能反
射太阳光，所以天王星看上去是浅蓝绿色的。

1986 年，探测器唯一一次飞越天王星时，它看
起来就是一个几乎毫无特征的星球，但从那以后，地
面望远镜偶尔会捕捉到天王星更频繁的活动现象。天
王星活动水平的变化可能与其非常不寻常的气候和季
节有关：它的旋转轴与轨道成 98° 倾斜角，因此天王
星绕太阳转动一圈需要 84 年。它的每个半球都会经
历长达数年暗无天日的冬天，一段相对正常的白天和
夜晚，然后是一个无尽白昼的夏天。这颗行星的方向
很奇怪，其环系统突出了这一点，因为环系统像靶心
周围的目标一样围绕着天王星。这 13 个环比土星周
围宽阔的平面要窄得多，但也更清晰，不过环内的物
质很可能是因为覆盖了一层红色的甲烷冰，所以显得
更加暗淡。

太阳系的起源 第 49 页 行星诞生 第 51 页 行星迁移 第 53 页
吸收碎片 第 54 页

天王星的颜色是由甲烷气体决定的，甲烷气体吸
收太阳光中的红色，使这颗行星看起来呈蓝色。

碰撞吸积（太阳系形成）第 **199** 页 行星迁移 第 **200** 页

天王星的卫星

太阳系的冰巨星：天王星的奇怪卫星

天王星的 27 颗已知卫星分布与木星和土星的卫星家族相似，但是后两者的家族成员却大得多。这颗冰巨星附近有 13 颗小的内卫星围绕着环系统内部运行，此外还有更大的"主要"卫星，这些卫星由与土星本身相同的原始旋转物质团块组成。伴随着这颗行星的是一团由小型不规则卫星组成的外部云层，而这些卫星多为倾斜轨道上捕获的彗星和半人马座天体。

在行星之外，主要卫星是天卫五、天卫一、天卫二、天卫三和天卫四。除了最小和最里面以冰层为主的天卫五，其他每一颗卫星都包含大致等量的岩石和冰。所有这些都显示出，在其历史的不同时期，相当于地球板块构造的冰川塑造了它们的地理特征，特别是一条被称为深谷群的宽阔峡谷，也是最初冰壳破裂和移动而形成的峡谷。

其中最瞩目的就是天卫五了，其表面地形错位，混乱无序，包括维罗纳鲁普斯峭壁，高约 20 千米，是太阳系最高的峭壁。第一次看到天卫五时，行星科学家认为，天卫五一定是在某一时刻破成碎片并重组。但如今科学家认为是极端潮汐力导致了天卫五原始表面熔化、坍塌及二次成形。

旅行者 2 号

到目前为止，我们对天王星、海王星及其卫星的了解大多来自一艘宇宙飞船：NASA 的旅行者 2 号。1977 年，这个探测器和其"姊妹"探测器旅行者 1 号一起从地球发射。旅行者 1 号探测器发射后，于 1979 年飞过木星，然后在 1980 年底飞越土星，完成了飞越木星、土星任务。然后旅行者 2 号独自旅行，在 1986 年遇到天王星，并于 1989 年遇到海王星。

束缚系统 第 18 页 太阳系的起源 第 49 页 行星诞生 第 51 页 吸收碎片 第 54 页

卫星的主要特征

维罗纳鲁佩斯断崖，米兰达（天卫五）（峭壁）

因弗内斯科罗纳沟脊，米兰达（天卫五）（沟脊地）

伊萨卡深谷，阿里尔（天卫一）（深峡谷）

科洛陨击坑，翁布里埃尔（天卫二）（陨击坑）

墨西拿深谷，泰坦尼亚（天卫三）（深峡谷）

哈姆雷特陨击坑，奥伯龙（天卫四）（陨击坑）

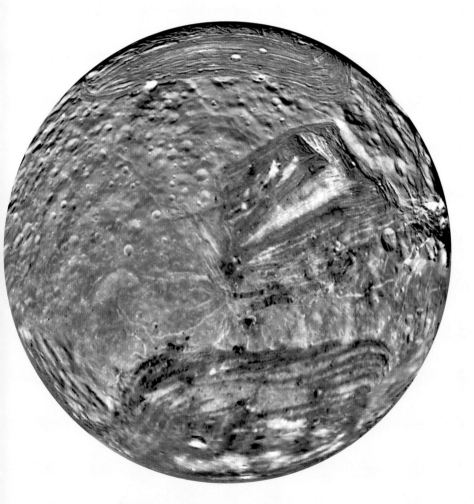

天卫五迷人而神秘的表面有着古老的、布满陨
击坑的地形，其间散布着轻微撞击的陨击坑，
里面有平行明暗带、悬崖和山脊。

 碰撞吸积（太阳系形成）第 **199** 页　万有引力　第 **201** 页

海王星

太阳系最外层的行星，异常活跃

海王星环

伽勒环

勒威耶环

拉赛尔环

阿拉戈环

亚当斯环

海王星是已知太阳系中离太阳最远的大行星，每165年绕太阳一周，与太阳的距离大约是地球的30倍。像天王星一样，海王星也是一个冰巨行星，两者的质量大致相同（直径略小于地球直径的4倍），然而，它们明显不同的地方在于：海王星自转轴倾角只比地球稍大一点；而天王星基本是倒在公转轨道上，因此，阳光在一天16小时中分布得更加均匀。

由于海王星大气中含甲烷和其他未知化学物质，它的颜色更趋深蓝，天气系统比天王星更多变。海王星有太阳系最强烈的风，其风时速高达2100千米。在大气层中，海王星会周期性地产生大型黑暗风暴，以及亮白色的高空云。

海王星是离太阳最远的行星，其云顶温度差不多是零下218摄氏度，显示出令人震惊的温差。源于其内部热流的推动，海王星辐射出的能量是所接收能量的2.6倍。据推测，这种情况是由引力收缩和行星岩质核上方发生的化学反应综合产生的。

于尔班·勒威耶

观测者们在1781年发现天王星后，跟踪其轨道，发现根据计算结果预测的实际位置与观察时它所处的位置总有相当大的差距，于尔班·勒威耶（1811—1877）认为是另一颗未被发现的行星的引力在起作用，并于1846年计算出了这颗行星的位置。他把结果呈递给柏林天文台，该台天文学家迅速确定了海王星的位置，距离勒威耶的预测位置只相差不到1°。

太阳系的起源 第49页 行星诞生 第51页 行星迁移 第53页
吸收碎片 第54页

1998年，这张海王星的照片是由旅行者2号在距离地球700万千米的范围内拍摄的。和天王星一样，这颗行星主要由氨、甲烷和水组成。

碰撞吸积（太阳系形成）第 **199** 页 行星迁移 第 **200** 页

海卫一

海王星的倒行卫星，引发了一桩惨案

海卫一的主要特征

利维坦山口（周围是火山穹丘）

玛黑拉尼流（间歇泉羽流）

达贡凹坑（椭圆形洼地）

麦藏巴坑（陨击坑）

这张海卫一的照片是由旅行者 2 号在 1989 年飞掠而过时所拍摄。照片展示了冰的形成和陨击坑。

威廉·拉塞尔

商人兼业余天文学家威廉·拉塞尔（1799—1880）在海王星之后，仅仅用了 17 天就发现了海卫一。拉塞尔使用自己设计的仪器去亲自磨制、抛光望远镜镜片，使其更容易跟踪天体。除了海卫一，他还发现了土卫七和天王星的两颗卫星。

　　海卫一是海王星的卫星，是海王星已知的 14 颗卫星中最大的一颗。海卫一的轨道与海王星自身的旋转方向相反，在太阳系的大型卫星中，这是独一无二的。出于一些原因，科学家一直怀疑巨大的海卫一是海王星系统的一个闯入星，是数百万年前被海王星引力捕获的柯伊伯带天体，它扰乱了原始卫星系统，并使原始卫星分散到了深空。

　　当海卫一不断靠近海王星时，它的轨道会变成完美的圆形，因而持续受到海王星潮汐力的作用。在这些力量的作用下，海卫一可能会完全熔化。当这种情况发生时，所有这些摩擦会使海卫一的轨道变成圆形。这些潮汐加热效应导致了其内部的熔化和大范围的再构形，其部分表面产生褶皱地形，很像哈密瓜的表皮。值得注意的是，尽管表面温度为零下 235 摄氏度，但海卫一的内部热量目前仍在推动地质活动，以氮间歇泉的形式将灰尘喷入稀薄的大气，并在表面留下黑色条纹。

束缚系统 第 **18** 页 太阳系的起源 第 **49** 页 行星诞生 第 **51** 页
吸收碎片 第 **54** 页

半人马型小行星

一类绕日轨道在木星和海王星之间的冰冻小行星

正如太阳系内近地轨道的岩质星体一样，大行星之间也不是空空荡荡的：半人马型冰冻小行星多为椭圆形的倾斜轨道，其轨道会穿越木星和海王星之间的一颗或多颗行星轨道。第一颗被发现的半人马型小行星是喀戎星（直径约 218 千米），它绕太阳一周需要50 年的时间。在喀戎星周围探测到一团模糊的发光云，其表面呈深蓝灰色，内有大量的水冰。

相比之下，第二颗被发现的半人马型小行星——福鲁斯的表面比喀戎星更亮且更红，这可能是因为其表面有大量富含碳的"有机"化学物质。此后，陆续有更多相似的小天体被发现，它们之间存在明显区别，但具体原因仍是未解之谜。不过，一般来说，半人马型小行星是柯伊伯带天体外的杂散天体，它的轨道区域在动力学上是不稳定的，容易受到巨行星的引力扰动，从而发生变化。

查尔斯·T. 科瓦尔

1977 年，科瓦尔（1940—2011）在加州帕洛马天文台发现了第一颗半人马型小行星——喀戎星，这是他在对太阳系附近长达十年的调查中发现的最遥远的星体。直到 1988年，这颗小行星才被发现是冰冻天体，当时，喀戎星突然变亮了 75%，并形成了彗星般的彗发。

艺术化处理的从喀戎星看土星。效果图。

 碰撞吸积（太阳系形成）**第 199 页** 行星迁移　**第 200 页**

冥王星和冥卫一

最大的矮行星及其巨大的卫星

冥王星是太阳系柯伊伯带中已知最亮和最大的天体，以近似圆形的倾斜轨道围绕太阳运行。在轨道周期的 248 年内，冥王星有 20 年是在海王星的轨道内度过的，距离太阳最远时约 50 个天文单位。冥王星的体积大约是月球的 2/3，尽管它在 2006 年被降级为矮行星，但它至少也有 5 颗已知的卫星，其中最大的冥卫一直径几乎相当于冥王星的一半，引力把这两个天体锁在一起，因此，它们永远以同一面对着对方。

冥王星的表面为颜色对比鲜明的红褐色区域和明亮的白色区域。红褐色区域布满了大量陨击坑，其颜色可能归因于微弱的太阳辐射对冰冻的甲烷的长期作用，而明亮的白色区域似乎是稍晚时候的再构形，表面被氮冰（构成冥王星的稀薄大气的固态）覆盖。冰川般的特征表明，这些冰可以缓慢地流过地表，而在其他地方，冰构成了巨大山脉。

克莱德·汤博

当时有一个很流行的假说，即天王星和海王星受到了另一颗看不见的行星影响。受雇于亚利桑那州的洛厄尔天文台的克莱德·汤博（1906—1997）经过日夜辛苦细致的工作，终于拍摄到双子座附近的天区有一颗未知的新行星。

冥王星的主要特征

汤博区（亮平原）

斯普特尼克号平原（冰质盆地）

希拉里和丹增山脉（冰山）

克苏鲁暗斑（暗地形）

太阳系的起源 第 **49** 页　行星诞生 第 **51** 页　行星迁移 第 **53** 页　吸收碎片 第 **54** 页

冥王星照片呈现得越来越详细，比如从这张色彩
强化后的照片上，可以看到这颗矮行星复杂多样
的地质历史，以及太阳系最大的冰川所在。

→ 碰撞吸积（太阳系形成）第 **199** 页 行星迁移 第 **200** 页

柯伊伯带及其天体成员

太阳边缘最神秘的冰冷世界

埃奇沃思和柯伊伯

尽管以荷兰裔美国天文学家杰拉德·柯伊伯（1905—1973）的名字命名了柯伊伯带，但爱尔兰业余爱好者肯尼斯·埃奇沃思（1880—1972）在1943年首次提出了在海王星以外还有一个冰形体，八年后，杰拉德·柯伊伯才提出了更为详细的预测。直到1992年，继冥王星之后，阿尔比恩才作为第二个柯伊伯带天体与世人见面。

在海王星轨道外黄道面附近，太阳系被冰环绕，冥王星是迄今为止所发现的最大天体。这个中空圆盘状区域距太阳30~50个天文单位，超过这个范围它会迅速缩小。在主带轨道上运行的物体从巨大的矮行星（不仅是冥王星，还有称为妊神星和鸟神星等星体）到小型冰彗星不等。人们认为，大多数柯伊伯带天体在现在的轨道附近形成，但今天的柯伊伯带可能主要由太阳系形成时的小天体或遗迹组成（据估计，这些巨大的行星在其历史早期改变轨道时，其中99%的行星遭到了摧毁或被逐出了太阳系）。

由于距离很远，人们对单个柯伊伯带天体（KBOs）知之甚少——冥王星和阿罗科斯是例外，航天器飞越时都曾访问过这两个天体。使用地面望远镜对柯伊伯带的观察表明，其表面被深灰色和亮红色物质覆盖。一种理论认为，这种颜色来自硫化氢冰（一种化学物质，可以在更冷、更偏远的柯伊伯带上保持冻结状态，同时可从稍微靠近太阳、更温暖的柯伊伯带蒸发到太空中）。

著名的柯伊伯带

16760 阿尔比翁小行星（约140千米）

20000 伐楼那小行星（约660千米）

50000 夸奥尔小行星（1121千米）

136108 妊神星（2100千米×1074千米，矮行星）

136742 鸟神星（约1480千米，矮行星）

太阳系的起源 第49页 行星诞生 第51页 行星迁移 第53页
吸收碎片 第54页

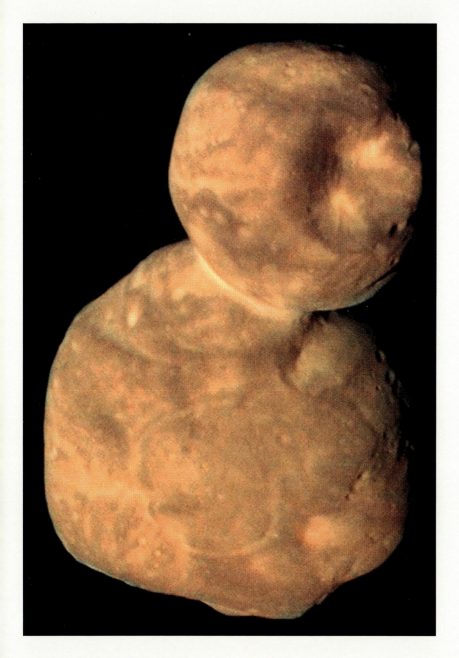

486958 阿罗科斯小行星，长 36 千米，
宽 21 千米。

碰撞吸积（太阳系形成）第 **199** 页 行星迁移 第 **200** 页

矮行星阅神星和散盘型天体

在太阳系最远的区域内零星散布着，从柯伊伯带散射入轨道内

矮行星阅神星是太阳系中最遥远的自然天体，直径略小于冥王星，每559年绕太阳一周，地处柯伊伯带的边缘。由于阅神星的轨道遥远且偏心，故其距离太阳38~98个天文单位，并且与太阳系平面成44°角，因此，矮行星阅神星成为散盘型天体中最大的，散盘是位于柯伊伯带边缘的稀疏天体晕。离散盘中的天体通常被认为从主带开始，因为那时还没与海王星近距离接触，也就没有被抛入当前轨道。

尽管矮行星阅神星的体积较小，但通过探测卫星阅卫一的轨道，可知其比冥王星重27%，这意味着阅神星一定比太阳系内的其他天体含有更多的岩石成分。一些天文学家认为，这颗行星很可能有一个类似冥王星的岩质内部，以在地表之下保留液态海洋层，甚至可能是某种形式的地质活动。另一个不寻常的特征是矮行星阅神星明亮的灰色地表（与冥王星和海卫的暗红色和棕色形成鲜明对比），天文学家认为这是新鲜甲烷霜冻的结果。

迈克·布朗

2005年，迈克·布朗（1965—）和他的同事发现了矮行星阅神星，它被誉为太阳系的第十颗行星。然而，天文学家最初认为阅神星比冥王星大，这引发了科学界的一场争论，导致天文学家引入"矮行星"这一概念。布朗仍继续在散盘之外的区域寻找一颗新的大行星。

太阳系的起源 第 **49** 页 行星诞生 第 **51** 页 行星迁移 第 **53** 页
吸收碎片 第 **54** 页

著名的散盘型天体

1996TL$_{66}$（575 千米）

136199 阋神星（矮行星，2326 千米）

2004XR$_{190}$（560 千米）

225088 共工星（可能是矮行星，约 1230 千米）

阋神星，已知它主要由冻结的甲烷组成。图为艺术化处理效果图。

碰撞吸积（太阳系形成）第 **199** 页　行星迁移　第 **200** 页

彗星

脏雪球也可以上演精彩的表演

历史上的明亮彗星

九月大彗星（1882）

日光彗星（1910）

池谷－关彗星（1965）

海尔－波普彗星（1996）

麦克诺特彗星（2007）

太阳系的起源 第 **49** 页　行星诞生　第 **51** 页　行星迁移　第 **53** 页
吸收碎片　第 **54** 页

彗星是难得一见的太阳系天体，爆发时场面十分壮观。彗星上山脉大小的冰和岩石块接近太阳时，表面的冰开始蒸发，形成一个行星大小的大气层，称为彗发，当气体和尘埃流被太阳风吸引并吹离太阳时，可能会形成一个长达数百万千米的尾巴。

然而，这类彗星只占所有彗星的极小一部分：绝大多数彗星都在太阳系外围的柯伊伯带和奥尔特云内，仍处于休眠的深度冻结状态（活跃的彗星才能回到其长椭圆轨道的外围）。彗星需要一次偶然的碰撞或受更大天体的引力吸引才能飞越太阳，每次经过太阳都会蒸发水分。通常，来自外太阳系的长周期彗星可能会因与其中一颗大行星相遇而使自身轨道发生巨大变化，要么被完全抛出太阳系，要么返程时间被缩短至几十年甚至几年。许多彗星最终在与木星的碰撞中被摧毁，而那些幸存下来的彗星最终将完全耗尽冰，单凭外表是无法区分彗星与岩质小行星的。

埃德蒙·哈雷

哈雷（1657—1742）在 1705 年首次提出：彗星不仅可以返回，其周期还可以预测。他利用朋友艾萨克·牛顿的运动和万有引力定律，预测在 1456 年、1531 年、1607 年和 1682 年看到的彗星其实是同一个彗星，而且这颗彗星（现在以他的名字命名）将在 1758 年回归。

降落在澳大利亚内陆的麦克诺特彗星，拍摄于 2007 年。

碰撞吸积（太阳系形成）第 **199** 页　行星迁移 第 **200** 页　胚种论 第 **210** 页

塞德娜小行星和奥尔特云

太阳系最遥远也是最寒冷的休眠彗星

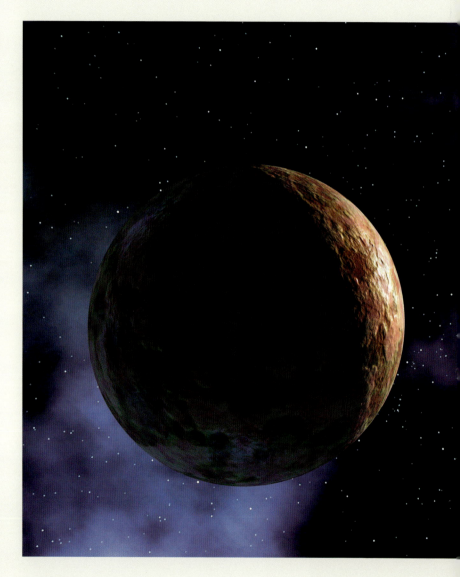

艺术化处理的从塞德娜小行
星看太阳效果图。

扬·奥尔特

1950 年，扬·奥尔特（1900—1992）提出了彗星云假说，这一假说得到了世人的认可。它除了可以解释长周期彗星的起源外，还可以作为短周期彗星所必需的补充来源。如果没有补充，这些天体必然会在几百万年后消失，或者其轨道因与行星相遇而中断。

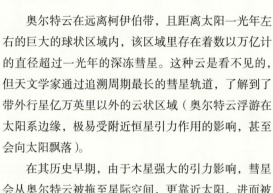

奥尔特云在远离柯伊伯带，且距离太阳一光年左右的巨大的球状区域内，该区域里存在着数以万亿计的直径超过一光年的深冻彗星。这种云是看不见的，但天文学家通过追溯周期最长的彗星轨道，了解到了带外行星亿万英里以外的云状区域（奥尔特云浮游在太阳系边缘，极易受附近恒星引力作用的影响，甚至会向太阳飘落）。

在其历史早期，由于木星强大的引力影响，彗星会从奥尔特云被拖至星际空间，更靠近太阳，进而被抛入目前的轨道。在奥尔特云与太阳系盘面之间，存在一个过渡的区域：圆盘状的"内奥尔特云"。目前已知最遥远的外海王星天体，如塞德娜小行星，可能会在这个区域内飞掠而过。塞德娜小行星发现于 2003 年，大小与谷神星相近，表面呈亮红色，绕太阳一周大约需要 11 400 年，塞德娜小行星以一个比较奇特的椭圆轨道绕太阳公转，最靠近太阳时，它与太阳的距离为 76 个天文单位，最遥远时，它与太阳的距离为 912 个天文单位。

太阳系最远的天体

2015RX$_{245}$（255 千米）

90377 塞德娜小行星（995 千米）

2013SY$_{99}$（202 千米）

2015KG$_{163}$（101 千米）

碰撞吸积（太阳系形成）第 **199** 页 行星迁移 第 **200** 页 胚种论 第 **210** 页

理论

大爆炸理论

重要科学家：斯蒂芬·霍金、詹姆斯·皮布尔斯、马丁·里斯、罗杰·彭罗斯

关键进展

当年宇宙大爆炸的时候，奇点处到底发生了什么至今仍是个未解之谜。不过，2020年，罗杰·彭罗斯（1931—）因与斯蒂芬·霍金（1942—2018）的奇点定理荣获了诺贝尔物理学奖。新的量子引力理论有望揭示出引发宇宙奇点的诸多条件。

138亿年前，宇宙诞生于一场大爆炸，空间和时间由此诞生。这个理论认为，宇宙在此之前是一个体积无穷小、密度无穷大的奇点，后来这个奇点发生大爆炸，从而诞生了宇宙——它包含了今天宇宙中的所有物质和能量。

大爆炸并非传统意义上的爆炸，因为根本不存在所谓的引爆物，使一个原点炸成预先已存在的体积。我们所思考的宇宙诞生的方式是：微点扩展成了今天的宇宙。

有几个证据可以支持这个理论：大爆炸的余晖形成了黑体的背景辐射，因此宇宙微波背景是"大爆炸"遗留下来的热辐射；空间也在膨胀，这意味着过去的宇宙一定更小；如果时间能倒流，宇宙或可收缩回到奇点。

斯蒂芬·霍金，研究大爆炸理论的先驱科学家之一。

宇宙诞生之前 第34页 宇宙大爆炸 第35页

宇宙暴胀

重要科学家： 艾伦·古斯、安德烈·林德、阿列克谢·斯塔罗宾斯基、保罗·斯坦哈特

关键进展

人们认为暴胀是由一个叫作暴胀子场的量子场所驱动的，当膨胀停止时，这个暴胀子场会衰变，并将其能量用于制造物质。永恒暴胀理论解决了暴胀为什么不会停止这一问题，但其结果是，一部分宇宙必须永远保持膨胀状态，不断冒出一些新宇宙，以创造多重宇宙。

艾伦·古斯提出了最初的暴胀理论。

暴胀理论是指：最初的宇宙其实轻到难以想象，但在经历了短暂且快速的膨胀爆发后（只有 10^{-35} 秒），从亚原子尺度膨胀到了宏观尺度。

虽然根据观测事实，暴胀确有其事——从大爆炸理论的视界问题可知，宇宙的一边看起来和另一边一样，以及平坦度问题，宇宙在大尺度上看起来非常平坦。但暴胀为什么发生、受什么驱动以及为什么停止，我们还停留在陈旧的理论中。

事实上，按照最初的暴胀理论，暴胀很难停止（该理论认为，暴胀不会在所有地方立刻停止，而是在小范围内停止，然后彼此远离）。所以在 20 世纪 80 年代，在此基础上诞生了一种新的暴胀理论——永恒暴胀理论，表明宇宙每一个这样的"角落"都可能经历大同小异的暴胀，各自变得巨大而均匀，直至在最后的大尺度上变得十分平坦。

← 暴胀时刻 第 **36** 页

狭义相对论

重要科学家： 阿尔伯特·爱因斯坦、亨德里克·洛伦兹、保罗·郎之万

想象一下两辆车在比赛。一个静止的观察者在赛道边可能会看到一辆车以 100 千米／时的速度驶过，而另一辆车以 90 千米／时的速度驶过，而观察者的运动速度为 0，然而，相对于 2 辆车，前一辆车只比后一辆车快或慢 10 千米／时。

阿尔伯特·爱因斯坦设想了一个类似的场景，不过实验对象却是光束。真空中的光速为 299 792 458 米／秒。如果一艘宇宙飞船以光速的一半飞行，那相对于宇宙飞船而言，会看到光束以光速的一半移动吗？

爱因斯坦说，显然不是！根据爱因斯坦的论证，不管观察者处于何种运动状态，真空中的光速对所有观察者来说都是一样的。

这是因为，当时间接近光速时，会发生一些奇妙的事情。如果你以光速旅行，感觉到的时间仍然是正常流逝的，但是移动速度更慢的观察者会看到时间过得更慢，这种效应通常称为时间延缓。

关键进展

物理学家保罗·郎之万（1872—1946）证明了时间膨胀会导致双生子佯谬。试想一下，根据地球上的时间流速，如果你的孪生兄弟乘坐光速宇宙飞船，环游宇宙 20 年，他的时间流速会因运动而减慢，所以当你老了几十岁后，他几乎还没老去呢，再次见面时，他会比你年轻得多。

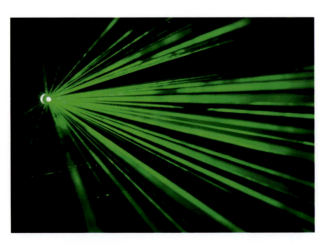

阿尔伯特·爱因斯坦证明光束在真空中总是以相同的速度传播，万物皆如此。

基本力 第**30**页

广义相对论

重要科学家：阿尔伯特·爱因斯坦、亚瑟·爱丁顿、卡尔·施瓦兹席尔德、亚历山大·弗里德曼

在狭义相对论的基础之上，阿尔伯特·爱因斯坦于 1915 年提出了一个著名的理论——广义相对论，并在其中引入了质量和引力。该理论解释了质量和能量如何才能等价（如方程 $E=mc^2$）以及二者如何通过引力对空间和时间施加影响。广义相对论将空间和时间统一到时空的框架内，质量能扭曲时空，质量越大，对时空的扭曲作用就越大，时空扭曲得就越厉害，宇宙中那个区域的引力就越强。我们可以在黑洞以及发生在黑洞事件视界附近的怪象中观察到这一现象。

广义相对论是人类目前最好的引力理论。尽管如此，广义相对论也不是终极引力理论，因为它也存在缺陷，未来我们将引入量子引力理论去理解宇宙的诞生。

关键进展

2015 年 9 月 14 日，激光干涉引力波观测台（LIGO）的引力波实验探测到两个黑洞合并产生的时空涟纹。根据广义相对论预测，引力波是由大质量星相互作用而产生的时空扰动。引力波的发现（以及此后发现的几十个其他引力波事件）有力地证明了爱因斯坦理论的有效性。

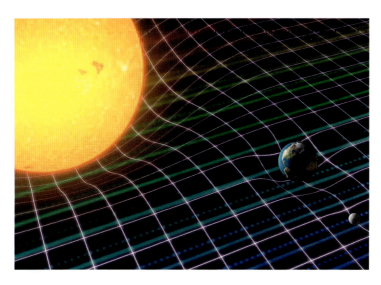

质量能够弯曲空间和时间，这是广义相对论的一个关键概念。

时空 第 **14** 页　恒星级黑洞 第 **122** 页

多重宇宙

重要科学家： 休·埃弗莱特、埃尔温·薛定谔、布莱斯·德维特、安德烈·林德、麦克斯·泰格马克

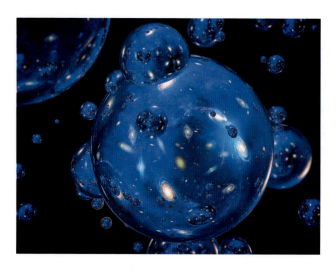

永恒暴胀理论预测的多"泡沫"宇宙的电脑绘图。

量子物理学的某个想法听起来奇怪而又难以置信，那就是一切可能之事，确实已经发生了，只是发生在另一个宇宙。

量子物理学告诉我们，在最小的尺度下，宇宙本质上是模糊的。粒子不在一个精确的位置上，相反，有一系列的可能性来描述粒子可能存在的位置。若是画出它的概率分布，此图看起来就像一条波浪线，因而叫作波函数。

然而，有学派认为，粒子可以在不同的平行宇宙中，同时占据这个波函数上的每个位置，因而诞生了"多重宇宙"理论。该理论预测了在我们的宇宙之外，很可能还存在着其他的宇宙。

还有其他的多重宇宙理论。在永恒暴胀理论中，宇宙的大部分区域会一直暴胀下去，而在有的区域，暴胀会结束，因而，便能创造出永远产生泡沫宇宙的多重宇宙。记住这一点后，这本书也会出现无数个版本！

关键进展

多重宇宙理论是一个非常具有争议性的领域，因为我们目前无法直接观测到其他宇宙的存在。对于一些科学家来说，多重宇宙只是个伪科学，或是宗教神学。同时，这也意味着，并不存在一个足以解释宇宙万物的"万有理论"，因为我们的宇宙也只是众多宇宙中的一个。

暴胀时刻 第 **36** 页　宇宙的命运 第 **59** 页

碰撞吸积（太阳系形成）

重要科学家： 哈尔·利维森、小久保英一郎、井田茂

包括地球在内的行星不是凭空出现的，而是在所谓的原行星盘中孕育的。原行星盘又是由气体、灰尘和岩质砾石组成的巨大旋涡星云聚集形成的。

行星的形成有两种解释。一个是研究我们太阳系中的小行星、彗星和陨石，包含自太阳系诞生以来从未接触过的原始分子云。另一个是研究其他恒星周围的行星盘（我们能观察到的行星盘越多，天文学家构建出的图像就越完整）。

目前的难点在于，如何解释一旦尘埃颗粒堆积成卵石，这些物质就能够碰撞并形合成更大的物体，而不会相互碰撞以至于粉碎。某些理论认为，在尘埃和卵石像滚雪球一样迅速变大的过程中，水冰可能发挥了作用。一旦这些卵石聚集体获得足够的质量，就开始吸收越来越多的物质，一步步形成原行星。

关键进展

行星的碰撞和吸积是分阶段进行的。尘埃颗粒和卵石形成直径约一千米的原行星后，原行星进入失控吸积阶段，在短短 10 万年内，其直径跃升至约 1000 千米。然后，可能有几百颗大质量的原恒星，在所谓"寡头吸积"过程中，持续地从环境中聚集气体。

这些行星是由较小的天体，即小行星和原行星经过碰撞而聚在一起的。

行星诞生 第 51 页 月球诞生 第 52 页 吸收碎片 第 54 页

行星迁移

重要科学家： 凯文·沃尔什、哈尔·利维森、亚历山德罗·莫比德利、克莱奥门尼斯·钦加尼斯

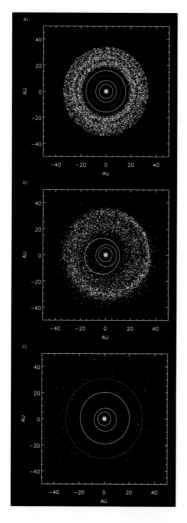

这些巨大的行星最初是在整齐的圆形轨道上形成的，但当它们开始迁移时，这些行星将更小的天体——小行星和彗星——分散到太阳系周围。

如果一些行星的轨道在其历史早期就漂移或迁移了，那太阳系中有许多奇怪的事情就可以得到很好的解释了。例如，与我们预期的相比，火星的质量小得惊人，而小行星带的云层十分稀薄。冥王星和柯伊伯带之外零星散布着主要由冰组成的离散彗星，这些长尾彗星似乎是被抛到那里的。

如果行星（特别是大质量的木星和土星）在早期太阳系周围劫掠，那么其引力影响就可以解释许多古怪的事情。我们看到系外行星系统中发生了轨道迁移，当一颗巨大的行星绕着其恒星运行一圈时，通过吸引多余气体而变大，就像一个雪球在白雪皑皑的田野上滚动一样。如此原行星盘上将产生一个缝隙，让行星可以通过缝隙向内移动。几百万年后，气盘因星风吹走而消失时，迁移就停止了。

关键进展

由美国科罗拉多州西南研究所的凯文·沃尔什开发的大迁徙模型或可解释太阳系行星迁移。该模型描述了只有几百万岁的年轻木星是如何向内迁移至离太阳近 2.25 亿千米的位置。土木双星返回外太阳系之前，土星的巨大引力阻碍了木星漫游的脚步。

木星 第 **154** 页　土星 第 **164** 页

万有引力

重要科学家： 艾萨克·牛顿、亨利·卡文迪什、阿尔伯特·爱因斯坦

艾萨克·牛顿（1642—1726）首次提出万有引力理论。虽然牛顿和苹果的故事有杜撰的成分，但正是天上的物体给了他灵感。尽管广义相对论可能已经把牛顿的万有引力定律推翻了，但对于太阳系的大多数情况而言，牛顿的经典引力理论足以解释行星、卫星和彗星的运动规律。

牛顿从数学角度解释引力是存在于所有物质粒子之间的吸引力，他将其称为万有引力定律。任何两个物体之间的引力取决于其质量和这两个物体之间的距离，引力的强度与其距离的平方成反比，这意味着两个物体越靠近，引力就越强。

牛顿的引力数学扩展了约翰尼斯·开普勒（1571—1630）的行星运动定律，解释了行星在椭圆轨道上运动的缘由。

关键进展

牛顿的万有引力定律并不足以解释所有的天文现象，比如对水星轨道的研究。天文学家由此推测，水星轨道内存在一颗看不见的行星——火神星，是它的引力摄动造成了水星观测的偏差，但这颗假想中的大行星实际上并不存在。在太阳附近更强的引力场中，水星的轨道可以用广义相对论来解释。

艾萨克·牛顿首次提出万有引力理论。

← 基本力 第 **30** 页 水星 第 **130** 页

恒星光谱学

重要科学家： 诺曼·洛克耶、约瑟夫·冯·弗劳恩霍夫、埃纳尔·赫茨普龙、亨利·诺利斯·罗素

如果让白光通过棱镜，就会分解成各种颜色的色光：红色、橙色、黄色、绿色、蓝色、靛蓝色和紫色。每种颜色都对应一种波长。

恒星也会产生这种彩虹般的光，即所谓的连续谱，但所有波长下发出的光并不相等。较热的恒星会发出更多波长较短的光，如蓝光和紫外线，而较冷的恒星则会发出更多波长较长的光，如红光和红外光。由于太阳落在光谱的中段，所以被称为黄矮星。

恒星的温度与其质量和星龄有关，我们可以通过观察其颜色来确定这些属性。这些信息可以绘制在赫罗图（以天文学家埃纳尔·赫茨普龙和亨利·诺利斯·罗素的名字命名）上，该图绘制了恒星温度或颜色与亮度的关系以及恒星的演化阶段：是否仍在燃烧氢，或者已经演化成红巨星、超巨星或白矮星。

关键进展

宇宙中第二丰富的元素（氦），直到1868年才被发现。在英国德文郡西德茅斯的天文台，英国天文学家诺曼·洛克耶（1836—1920）在分析太阳光谱时，发现当时已知的元素中没有一种能够产生这样的谱线，他是在太阳上发现氦元素的第一人（直到1895年，才在地球上发现氦）。

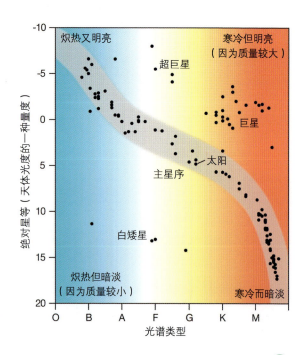

恒星演化的赫罗图

元素 第 26 页 元素合成 第 39 页 主序星 第 98 页

红移和多普勒效应

重要科学家： 维斯托·斯莱弗、爱德文·哈勃、亚当·里斯、乔治·勒梅特

当警车鸣着警笛飞驰而过时，你会听到警笛的音调变化。这是多普勒效应的一种表现。警车向你驶来时，声波受到压缩，波长缩短，因此提高了音调。警车飞驰而去时，声波拉长，增加波长，因此音调降低。

当星体朝向地球运动时，光也可以像波一样，由于被压缩而向波长更短、频率更高的蓝色端移动，此现象称为蓝移。相反地，如果星体远离地球运动，光谱则会因为被拉长而向波长更长、频率更低的红色端移动，此现象称为红移。由于宇宙膨胀，大多数星系都在远离地球，所以都发生了红移。

宇宙红移告诉了我们膨胀的速率：一个星系离我们越远，它的红移就越快，膨胀速率就越大。这种移动行为用数学关系（哈勃－勒梅特定律）来描述就是从红移推断出星系的退行速度等于其距离乘以哈勃常数（哈勃常数是对空间的膨胀速度的描述）。

关键进展

美国天文学家维斯托·斯莱弗（1875—1969）在1912年首次测量了星系红移，但他当时并没有意识到"旋涡星云"是河外星系。20世纪20年代，爱德文·哈勃在斯莱弗工作的基础上提出了哈勃－勒梅特定律。而如今的天文学家试图通过测量星系红移，来准确描述宇宙膨胀速率的哈勃常数。

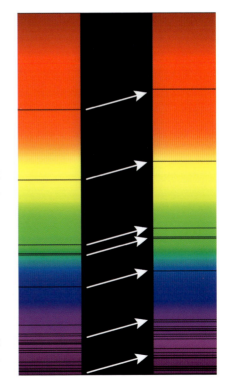

光谱的颜色。当光穿过太阳的大气层时，一些波长就会被吸收。左边是太阳的光谱，右边则是遥远星系的光谱，光发生了红移，黑色吸收线的波长发生了变化。

超新星 第116页

恒星结构

重要科学家： 弗吉尼亚·特林布尔、卡尔·汉森、塞西莉亚·佩恩－加波施金

美国天文学家塞西莉亚·佩恩－加波施金研究了恒星的组成，她在博士后论文中指出，恒星主要由氢和氦组成。

恒星核反应所释放的光子需要花费上百万年的时间才能到达恒星表面，即光球层。之所以需要这么长时间，是因为恒星核处于高温、高密和高压状态，光子不断散射电子，到达表面的路径受到了阻碍。

恒星核外的第一个区域是辐射层，恒星能量以光子的形式穿越辐射层。太阳的辐射带大约向外延伸至太阳半径的 2/3，最后 1/3 是对流层，能量通过上升到光球的对流传输（红矮星几乎没有内部的辐射层，只有外部的对流层，因此内部能量要完全依靠对流向外传导）。

恒星产生的能量最终在光球以光的形式释放出来，但光必须穿过色球层（这是一片狭窄的区域，气体密度很低）。在此之外是日冕，由高温（多达百万摄氏度）、低密度的等离子体组成，亮度微弱，除非在日全食期间（太阳圆面亮度被月球挡住），否则是看不到的日冕的。

关键进展

像其他恒星一样，太阳的影响延伸到行星之外，它的太阳风形成了一个被称作日球层（又称太阳风层）的磁泡。1977 年，NASA 发射的旅行者 1 号和 2 号分别于 2012 年和 2018 年越过了日球层顶（日球层的边缘），现在它们都已到达星际空间。

恒星 第 22 页 主序星 第 98 页 红矮星和褐矮星 第 100 页

质光关系

重要科学家：雅各布·卡尔·恩斯特·哈尔姆、亚瑟·爱丁顿

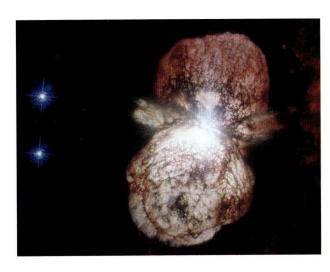

这颗大质量星称为船底座 η 星云，即船底座 η 星，它超过了质光极限。

当我们仰望夜空时，会发现恒星的亮度各不相同，这在一定程度上是因为这些恒星与我们的距离各不相同，但彼此之间的相对亮度是与生俱来的。

相对亮度有规律可循，体积最小、质量最小的恒星也是最暗淡的恒星，其亮度不到太阳亮度的 1%，而最大质量的恒星最亮，比太阳亮数万倍。天文学家雅各布·卡尔·恩斯特·哈尔姆（1866—1944）首先发现了质光关系，并描述了这一现象。

恒星的亮度有一个理论极限。引力会让恒星的物质一直向核收缩，而核产生的光子会阻止天体进一步下落，在二者间保持微妙平衡的情况下，恒星所能达到的最大亮度，这就是爱丁顿光度。这是以亚瑟·爱丁顿的名字命名的。恒星质量越大，引力越强，这意味着需要更多的光子阻止物质的进一步下落，这就解释了这些大质量星更亮的原因。

关键进展

不是所有的恒星都与爱丁顿光度相符。有时，一些恒星会发出更亮的光，尤其是在经历不稳定爆发时，许多大质量星皆是如此。船底座 η 星就是一例，尽管距离我们大约 7000 光年，但在 1843 年的秋天经历了一次大爆炸后，它便成为天空中第二亮的恒星。直至今日，我们仍不知道船底座 η 星如何死里逃生。

恒星 第 22 页 燃烧的太阳 第 50 页 太阳 第 **126** 页

恒星的能量来源

重要科学家: 亚瑟·爱丁顿、汉斯·贝特

关键进展

质子–质子链反应的副产物之一便是无止境的中微子流(亚原子尺度的微小粒子,质量可以忽略不计),每秒约有一千亿的太阳中微子穿过你的指甲。科学家通过探测来自太阳次要聚变循环的中微子可以知道其核内部发生的反应,中微子还可以微妙地改变地球上的地质矿石,研究这些矿石可以揭示过去太阳亮度的细节。

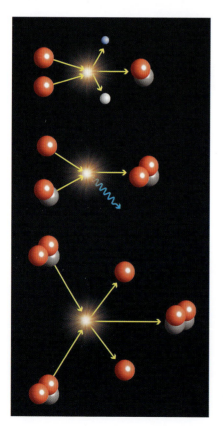

恒星内部有几种核反应,太阳发出的能量源于太阳内部,以质子–质子链的形式为主的核聚变:在太阳内部,质子与质子相互碰撞,也就是 2 个氢核融合在一起,产生氘。原始能量也会溢出,以辐射的方式转化为太阳光和热。

2 个氘核合成了氦的同位素(氦–3),释放了更多的能量。氦–3 相对不稳定,当两个氦–3 原子核发生融合时,会产生氦–4(即稳定的氦),释放 2 个氢核和更多的能量,也可以与氦–4 融合形成铍–7,然后与 1 个电子结合形成锂,锂与 1 个质子融合,会形成 2 个氦核并释放更多的能量。

比太阳质量更大的恒星可通过碳—氮—氧(CNO)循环产生能量,这些元素充当了氢聚变反应的催化剂,最终产生更多的氦并释放更多的能量。

质子–质子链,其中 2 个氢核融合成氘(上),然后氘与另 1 个氢原子融合成氦–3(中),最后 2 个氦–3 核融合成氦–4(下)。

恒星 第 22 页 太阳的演化 第 55 页

恒星演化

重要科学家： 约翰尼斯·开普勒、弗里茨·兹威基、沃尔特·巴德、鲁道夫·闵可夫斯基

恒星的寿命取决于其质量，太阳已经存在了46亿年，其寿命还剩下大约50亿年。质量最小的恒星——红矮星一般可以存在数万亿年，而质量最大的恒星只有几百万年的寿命。质量不到太阳8倍的恒星最终会耗尽氢并演化成红巨星，红巨星最终会将外层抛离，变成白矮星，形成行星状星云。

太阳质量8倍以上的恒星将会以超新星爆发的方式结束自己的生命，耗尽核内的核聚变燃料，经历灾难性的引力坍缩。恒星内部下落的物质从核心反弹，并发出反弹激波，导致恒星爆炸，留下其核的致密外壳——这就是中子星的来源。中子星是非常极端的天体，直径约10千米，极度致密。最大质量恒星的核心在引力作用下会进一步坍缩，形成黑洞。

关键进展

1987年2月23日，一位天文学家在大麦哲伦云附近发现了一颗正在爆发的超新星。这颗名为1987A的超新星是近400年来离我们最近的一颗，也是现代望远镜时代观测到的最明亮的一起恒星爆炸事件（也是数百年来人类观测到的距离最近的超新星爆炸）。档案图像显示了恒星爆炸时的场景。通过研究这些图像及爆炸的后果，天文学家对大质量星的死亡情况有了更多的了解。

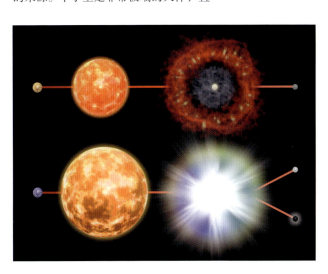

恒星的两条演化路径：上图显示，质量较低的恒星最终以行星状星云的形式死去；下图显示，质量较大的恒星以超新星的形式爆炸。

太阳之死 第57页 沃尔夫－拉叶星 第104页 超新星 第116页

恒星核合成

重要科学家： 弗雷德·霍伊尔、玛格丽特·伯比奇、杰佛瑞·伯比奇、威廉·福勒

核聚变是原子核融合在一起产生新的、更大质量的原子核的过程，通常会生成不同的元素。1957年，玛格丽特·伯比奇、杰佛瑞·伯比奇、威廉·福勒和弗雷德·霍伊尔展示了恒星通过聚变反应过程创造出许多重元素的方式，他们称此为"恒星核合成"。

为了产生能量，恒星将氢融合成氦，待核心中的氢耗尽时，恒星开始融合氦，从而产生碳。

此时，太阳的热核反应停止，但在更大质量的恒星中，铁元素会继续聚变下去，生成更重的元素。碳融合成氧，以此类推，产生硅、氖、氮层，直到恒星核聚变产生铁，其他物质围绕在铁周围形成一个洋葱结构。

因为铁结合得十分紧密，2个铁原子融合在一起所需能量多于融合所释放的能量，所以反应停止了。因为继续反应所需的能量来自恒星内部的热能，这就导致核冷却到铁融合所需的温度以下。由于无法产生能量，能量通过中微子从核泄出，恒星的核心坍缩，外层紧随其后，从凝聚的核心反弹，并向外爆炸成超新星。超新星的温度高达数十亿摄氏度，由此合成了更大质量的元素。

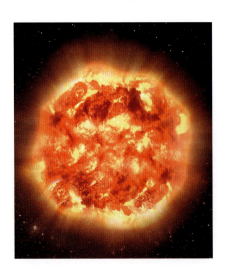

关键进展

颗粒中的化学元素形成于恒星内部，以尘埃的形式散布在银河系中，但这些尘埃主要来自哪里？天文学家在观察超新星1987A的余波时发现，超新星产生的星际尘埃发出微弱的红外辐射，足以形成100颗地球质量的行星，这证明了宇宙中的元素起源自垂死恒星。

恒星核聚变到铁为止，宇宙星体中比铁还要重的元素是通过恒星的物质积累形成的，超新星爆炸是积累的最终结果。

恒星 第22页 超新星 第116页

恒星形成

重要科学家：赫歇尔空间天文台、巴特·博克、詹姆斯·琼斯

关键进展

20 世纪早期的物理学家詹姆斯·琼斯（1877—1946）从根本上解释了分子云必须多大才能分裂成形成恒星的碎块，只有直径大于琼斯长度（这取决于温度和质量，所需质量描述为琼斯质量）的云才会有足够的引力使自身坍缩形成恒星。

由哈勃太空望远镜拍摄的附近矮星系 NGC 1569 的中心被视为恒星形成的温床。

恒星诞生于冰冷的星际云，如猎户星云，凭内眼可见，猎户座的三颗腰带星距离我们 1344 光年，孕育了成千上万颗炽热的恒星。

气体云的演变会形成一些结构，这些结构会坍缩并分裂成碎块，并最终形成恒星。要经历引力坍缩过程，气体温度必须足够低——比绝对零度（零下 273.1391 摄氏度）高 10 摄氏度。当星云开始坍缩，某些星云碎块碎裂，由此形成一颗或多颗新的恒星。

最终，每个碎块核的温度非常高且密度非常大，以至于氢核聚变成氦，从而释放出大量的能量。一旦这种情况发生，一颗恒星就诞生了，其热量和辐射最终会将剩余的气体驱逐出星云。

第一代恒星 第 **43** 页 燃烧的太阳 第 **50** 页 星云形成恒星 第 **90** 页

胚种论

重要科学家： 斯万特·阿累尼乌斯、弗雷德·霍伊尔

关键进展

1967 年，NASA 发射了探测者 3 号登月任务。1969 年，阿波罗 12 号宇航员查尔斯·"皮特"·康拉德（1930—1999）和艾伦·比恩（1932—2018）在探测者 3 号着陆的地方附近着陆，并取回了探测者 3 号。经检查，科学家发现，最初乘坐探测者 3 号前往月球表面的微生物在旅程中幸存了下来，到达地球时又复活了。这证明了微生物可以在太空旅行中存活下来。

艺术化处理的尘埃流入太空效果图。太空中充满了包含生命所需的所有有机分子的尘埃云吗？

科学家还未完全了解地球上生命的起源。宇宙胚种论指出，生物不是起源于我们的星球，而是由陨星带到这里的。有一些证据可以间接地证明这个理论：在陨星和彗星等各种天体上，以及冰质卫星地表和遥远恒星周围，已经发现了生命的一些基本组成部分，如氨基酸、糖和促进碳基化学的复杂分子，但这一理论还缺乏令人信服的证据，因此招致了不少争议。

理论上，小行星的撞击可能将微生物夹带在飞溅的岩石里，推出地月系范围。星际小行星和彗星这样的原始小天体，如 1I/ 奥陌陌（1I/'Oumuamua）和 2I/ 鲍里索夫（2I/Borisov），或将生命的种子传播到了太阳系。

然而，尽管有人认为微生物可以在极端的太空环境下存活，暗示了外星生命的可能性，但没有足够有力的证据表明我们起源于宇宙中某个遥远的地方。

月球 第 **138** 页　陨石 第 **142** 页　彗星 第 **188** 页

密度波和星系结构

重要科学家： 阿拉尔·图穆尔、林家翘、徐遐生

星系的旋臂是宇宙中最美丽，也是独有的特征之一。随着星系的旋转，其旋臂本该缠绕在这个星系发光核的周边。但为什么这种情况没有发生呢？

旋臂并非连续数十亿年总包含着相同的恒星的刚性物质，旋臂的结构并不是一成不变的，而是不断变化的。

将此想象为高速公路上行驶的汽车流，就能很好地理解旋涡星系。前面的汽车必须减速时，就会发生交通堵塞，导致后面的汽车随之减速，从而发生拥堵。

虽然堵在前面的汽车可以加速，但车流会呈波纹状向后蔓延，后面的汽车仍因减速而聚集在一起。类似的事情也发生在星系的旋臂上：我们称这种现象为"密度波"，换言之，即气体、恒星会聚集在一起形成旋臂的地方。人们看到的旋臂，是密布其中的恒星、尘埃和气体形成的。

关键进展

旋涡盘密度波理论也适用于恒星形成。气态星云聚集在旋臂区域内时，其物理属性达到了詹姆斯·琼斯有关质量、直径和温度标准的临界标准，这是诞生恒星的必要条件，因此，我们的星系和其他星系的旋臂是恒星诞生的摇篮，附近星团的年轻恒星照亮了五颜六色的星云。

M 101 星系，也称为风车星系，有着突出的旋臂。

 旋涡星系 第66页 银河系 第84页

星系演化

重要科学家： 爱德文·哈勃、杰拉德·德沃古勒

20世纪上半叶，胡克望远镜（主反射镜口径为100英寸，2.5米）在美国加利福尼亚的威尔逊山天文台建成，使天文学家能够识别星系的本来面目，即银河系外的"宇宙岛"。利用新望远镜，天文学家急于对所有星系进行分类，努力了解它们之间的关系。

早期的观测结果划分了不同类别的星系：如旋涡星系、棒旋星系、无特征的椭圆星系和透镜状星系。就旋臂紧密度和椭圆星系的椭圆程度而言，还可细分为几个子类别。后来，法国人杰拉德·德沃古勒考虑到星系结构的其他组成部分，如环状星系和透镜状凸起等，对哈勃星系图册进行了改进，使其变得更加综合、全面。

最初，天文学家猜测旋涡星系是椭圆星系的前身。而今天，所知情况正好相反：旋涡星系首先形成，然后演变成富尘透镜星系，这是已经耗尽恒星形成物质的迹象，或者在与其他大星系融合时，变成了巨大的椭圆星系。

关键进展

无论是小星系被大星系蚕食，还是两个质量相等的星系发生碰撞，星系的并合都是恒星形成的重要驱动因素。研究发现，星系并合在过去的宇宙更为常见，这是因为当时的星系通常距离更近。因为星系并合会形成产星环境，而银河系产生恒星的高峰期发生在110亿至100亿年前。

哈勃望远镜的历史观测结果，解开了银河系结构数十亿年演化的神秘面纱。

旋涡星系 第 **66** 页 椭圆星系 第 **68** 页 相互作用的星系 第 **74** 页

活动星系核

重要科学家： 马丁·施密特、卡尔·赛弗特、维克托·安巴楚勉、唐纳德·林登－贝尔

关键进展

1962 年，天文学家马丁·施密特使用精度更高的望远镜，通过仔细观察发现了类星体，这是一类离地球最远、能量最高的活动星系核。顾名思义，类星体是"类似恒星的星体"，看起来像光点，但不是恒星。类星体的发现是理解超大质量黑洞在星系演化中的作用的关键一步。

活动星系核的观测特征主要依赖沿视线方向的喷流。

科学家们早就已经预测到每个大星系的中心都有一个巨大的黑洞，只是未得到证明。

20 世纪 40 年代，天文学家卡尔·赛弗特注意到一些星系的核发出的辐射不同寻常，就好像那里潜伏着一些无比明亮的东西，偶尔有一部分会被宇宙尘埃掩盖。在 20 世纪 50 年代，科学家们发现数百光年之外的恒星会喷射出强大的无线电波，在 20 世纪 60 年代，发现了这些射电源的光学对应体——类星体。

天文学家开始搜寻证据，提出了 AGN 理论。该理论认为，每个星系的中心都存在一个超大质量的黑洞，但在某些情况下，黑洞不断地吞噬宇宙物质，许多黑洞都被吸积盘的旋涡状气体团包围，温度高达数十亿摄氏度。我们在活动星系核中心看到的正是这些炽热的发光盘，类星体是其中最亮的天体，

类星体释放的能量会对周围的环境产生巨大的影响，科学家认为这些星体通过电离太空中的氢气结束了宇宙的"黑暗时代"。在最极端的情况下，属于活动星系核的磁场可以激发一些气体，并用接近光速的带电粒子射流将其带走。当喷流朝着地球的方向运动时，活动星系核会显得异常明亮，我们称这种物体为"耀变体"。

 射电星系 第 78 页 类星体和耀变体 第 81 页

暗物质

重要科学家： 薇拉·鲁宾、弗里茨·兹威基

宇宙中 85% 的物质是我们看不见的，科学家将这种神秘物质称为暗物质。他们现在已经观测到了暗物质的引力影响，因此确认了它的存在。

想象一个盘星系，由围绕其中心运行的恒星组成，你会认为外围恒星的旋转速度更快，因为后者更靠近质心。然而，观测表明，无论恒星离中心多远，其轨道的运行速度都差不多。同理可知，在星系团中，如果唯一存在的引力是由可见物质引起的，那么，星系外围恒星绕中心的运行速度应该更快才对。唯有存在一种暗物质，提供了额外的引力，才可以解释发生的一切。

不幸的是，没有人知道暗物质到底是什么。欧洲核子研究中心的大型强子对撞机工作十年仍一无所获。对此，最合理的猜测是，暗物质或许是这些超对称粒子的混合物，与那些已经构成标准模型的粒子相反，但质量更大。

关键进展

并非所有科学家都相信暗物质是真实存在的，少数人认为，在低加速度下，调整牛顿万有引力定律可以模拟暗物质的引力。这些科学家称这个理论为修正牛顿动力学（MOND）。虽然该理论已经取得了一些成功，例如在解释恒星绕星系中心运行的加速度方面，但主流观点仍然认为暗物质是真实存在的。

两个星系团并合的图像。蓝光代表暗物质在星团中隐含的位置。①

① 星系的可见光以白色和橙色显示。图像中心的 X 射线以粉红色显示。——译者注

星系团和超星系团 第64页 旋涡星系 第66页 银河系晕和球状星团 第86页

暗能量

重要科学家： 亚当·里斯、萨尔·波尔马特、布莱恩·施密特

暗能量是加速宇宙膨胀的力量，它占了宇宙中所有质量和能量的68.3%。尽管暗能量对空间和时间有如此巨大的影响，但在很大程度上，暗能量仍然是一个未知的实体。

1998年，天文学家偶然发现了暗能量。当诺贝尔奖得主布莱恩·施密特（1967—）、萨尔·波尔马特（1959—）和亚当·里斯（1969—）利用遥远星系中白矮星的Ia型超新星爆发的亮度计算其星系远离地球的速度时，他们注意到了一些奇怪的现象：一些超新星比预期要昏暗，这意味着它们离我们更远。宇宙不仅在膨胀，而且在加速膨胀，其背后的力量被称为暗能量。大爆炸后的70亿~80亿年，正是暗能量驱动宇宙加速膨胀。如果这股趋势继续下去，且有增无减，宇宙最终会走向大撕裂。

关键进展

在人们还不知道宇宙正在膨胀的时候，阿尔伯特·爱因斯坦就提出了广义相对论，他在自己的理论中发明了一个"宇宙学常数"去抵消几乎无处不在的引力，以此来证明宇宙并不是一直在膨胀。后来，当他意识到宇宙确实还在膨胀时，便去掉了宇宙学常数，但事实证明，暗能量可能是另一种形式的宇宙学常数。

暗能量正在导致宇宙加速膨胀，而星系正在远离我们。

宇宙大爆炸 第35页 暴胀时刻 第36页

索引

图片来源

10 Pictorial Press Ltd/Alamy 13 PictureLux/The Hollywood Archive/Alamy 14-15 R.Hurt/ Caltech-JPL 17 ©Tim Brown 19 Vassar College Library, Archives and Special Collection 20-21 Wikimedia Commons/Harvard College Observatory CC 22-23 NASA, ESA and STScI. 25 NASA/JPL/USGS 27 NASA, ESA, J. Hester and A. Loll (Arizona State University) 29 © Tim Brown 31 Wellcome Collection cc 32 NASA 34 Album/Alamy 35 NASA's Goddard Space Flight Center/CI Lab 36 © Tim Brown 37 Breakthrough Prize/Brigitte Lacombe 38 GL Archive/Alamy 39 Wikimedia Commons 40 NASA/ESA/Hubble Processing: Judy Schmidt 41 © ESA and the Planck Collaboration 42 Adolf Schaller for STScI 43 N.R. Fuller, National Space Foundation 44 NASA/WMAP Science Team 45 NASA 46 ESO/M.Kornmesser 47 NASA/ESA and Adolf Schaller 48 ESO/M.Kornmesser 49 ESO/L Calcada 50 ESA/Hubble & NASA, D. Padgett (GSFC), T.Megeath (University of Toledo), and B. Reipurth (University of Hawaii) 51 NASA/JPL-Caltech/R. Hurt 52©Tim Brown 53 ©Tim Brown 54 NASA/JPL-Caltech 55 NASA's Goddard Space Flight Centre/Genna Duberstein 56 © Tim Brown 57 ESO/S. Steinhöfel cc 58 NASA; ESA; Z. Levay and R. van der Marel, STScl; T. Hallas; and A. Mellinger 59 Mark Garlick/Science Photo Library 60 Excitations/Alamy 62-63 www. 2dfgrs. net/Public/Pics/ 65 NASA, ESA, and J. Lotz, M. Mountain, A. Koekemoer, and the HFF Team (STScI) 66-67 ESA/Hubble & NASA, A. Riess et al 69 NASA, ESA, and The Hubble Heritage Team (STScI/AURA); Acknowledgment: J. Blakeslee (Washington State University) 70-71 Granger Historical Picture Archive/Alamy 73 Everett Collection Inc/Alamy 75 ESA/ Hubble &NASA 76-77 NASA, ESA and the Hubble Heritage Team (STScI) 78-79 NASA/ ESA and the Hubble Heritage Team (STScl/AURA) 80 NASA, ESA, the Hubble Heritage Team (STScI/AURA), and R. Gendler (for the Hubble Heritage Team); Acknowledgment: J. GaBany 81 ESO/ Borisova et al. 82-83 © Tim Brown 84-85 imageBROKER/Alamy 87 ESO Imaging Survey 88 NASA, ESA, S. Beckwith (STScI), and The Hubble Heritage Team (STScI/ AURA) 89 NASA/JPL-Caltech/ESA/CXC/STScI 90-91 ESA/NASA, ESO and Danny LaCrue 92 NASA, ESA, N.Smith (University of California, Berkeley) and The Hubble Heritage Team (STScl/AURA) 93 NASA's Goddard Space Flight Center 94-95 ESO/M.Kommesser 96-97 NASA, ESA, and the Hubble Heritage Team (STScI/AURA)-ESA/Hubble Collaboration 98-99 NASA, ESA and AURA/Caltech 101 dotted zebra/Alamy 102-103 NASA, ESA, N. Smith (University of Arizona, Tucson), and J. Morse (BoldlyGo Institute, New York) 105 ESA/Hubble & NASA 107 NASA, ESA, and the Hubble Heritage Team (STScI/AURA)-Hubble/Europe Collaboration 108-109 Richard Yandrick (Cosmicimage.com) 111 ESO and P. Kervella 112-113 NASA, ESA, C.R. O'Dell (Vanderbilt University), and M. Meixner, P.McCullough 114-115 Stocktrek Images, Inc./Alamy 117 ESO 118-119 NASA/CXC/SAO 121 CC-Smithsonian Institution 122-123 NASA's Goddard Space Flight Center/Jeremy Schnittman 124-125 Wikimedia Commons 127 Media Drum World/Alamy 129 NASA 131 NASA/Johns Hopkins University Applied Physics Laboratory/Carnegie Institution of Washington 133 NASA/JPL-Caltech 135 NASA 136-137 NASA 139 Wikimedia Commons

141 NASA/JPL/JHUAPL 142 Rob Matthews/Alamy 145 NASA/USGS 146-147 ©ESA/DLR/ FU Berlin cc 149 Wikimedia commons/Pablo Carlos Budassi 151 NASA/JPL-Caltech/UCLA/ MPS/DLR/IDA/PSI 153 Wikimedia Commons 155 NASA/JPL-Caltech/SwRI/MSSS; Image processing by David Marriott 157, NASA/JPL/University of Arizona 158-159 NASA/JPL/ DLR 161 NASA/JPL-Caltech/SwRI/MSSS 163 NASA/JPL/University of Arizona 164-165 NASA/JPL/Space Science Institute 167 NASA/JPL/Space Science Institute 169 NASA/JPL/ University of Arizona/University of Idaho 170-171 NASA/JPL-Caltech/University of Arizona/ LPG/CNRS/University.of Nantes/Space Science Institute 173 NASA/JPL/Space Science Institute 175 Lawrence Sromovsky, University of Wisconsin-Madison/W.W.Keck Observatory 177 J Marshall-Tribaleye Images/Alamy 179 NASA/JPL 180 NASA/JPL/USGS 181 ©Tim Brown 183 NASA/Johns Hopkins University Applied Physics Lboratory/Southwest Research Institute 185 NASA/Johns Hopkins University Applied Physics Laboratory/Southwest Research Institute/Roman Tkachenko 187 ESO/L.Calçada and Nick Risinger (skysurvey.org) 188-189 Excitations/Alamy 190-191 Wikimedia Commons 192 Wikimedia Commons 194 ueddeutsche Zeitung Photo/Alamy 195 Breakthrough Prize/Brigitte Lacombe 197 Gabriel Pérez Díaz, SMM (IAC) 198 Science Photo Library/Alamy 199 © Tim Brown 200 AstroMark CC BY-SA 3.0 201 Wikimedia Commons 202 Universal Images Group North America LLC/ Alamy 203 Georg Wiora CC BY-SA 3.0 204 Science History Images/Alamy 205 ESA/Hubble and NASA 206 ©Tim Brown 207 © Tim Brown 208 ESO 209 ESA/Hubble & NASA, Aloisi, Ford 210 ©Tim Brown 211 European Space Agency/NASA 212 NASA/ESA/M. Kornmesser 213© Tim Brown 214 X-ray: NASA/CXC/CfA/M.Markevitch et al.; Optical:NASA/STScI; Magellan/U.Arizona/D.Clowe et al.; Lensing Map: NASA/STScI; ESO WFI; Magellan/ U.Arizona/D.Clowe et al/ESO WFI 215 NASA